GUIDE PRATIQUE

POUR LES ANALYSES

DE CHIMIE PHYSIOLOGIQUE

DU MÊME AUTEUR

Analyse des cendres de la sérosité sous-cutanée dans un cas de mal de Bright (*Arch. de méd. exp.*, mars 1895).

Contribution à l'étude de la sécrétion interne de la rate et du pancréas [en collaboration avec M. le professeur Lépine] (*Soc. nat. de méd.*, 1895).

Dosage volumétrique de l'acétone urinaire (*Un. pharmac.*, 1896).

Dosage précis du glucose dans le sang (*Un. pharmac.*, 1896).

Analyse chimique du cérumen, [en collaboration avec M. Lannois, médecin des hôpitaux], mémoire lu à la Société d'otologie (*Ann. des mal. de l'or. et du lar.*, 1897).

Sur l'alcalinité du sang, [en collaboration avec M. le professeur Lépine] (*Soc. nat. de méd. de Lyon.*)

Sur deux cas d'ascite chyleuse, en collaboration avec M. le Dr B. Lyonnet, médecin des hôpitaux (*Prov. méd.*, 1897).

Remarques sur les digestions de trypsine (*Prov. méd.*, 1897).

Étude chimique sur la graisse du foie (*Un. pharm.*, 1897).

Physiologie du foie. — Recherches expérimentales au moyen des circulations artificielles à travers le foie et le pancréas, thèse de doctorat en médecine, Paris, 172 pages et 3 planches, J.-B. Baillière et fils.

Analyse du foie (*Un. pharm.*, 1898).

Sur la graisse retirée d'un ascite chyleuse (*Journ. de pharm. et ch.*, 1898).

Sur le dosage du glucose dans certaines urines diabétiques (*Un. pharm.*, 1898).

Sur les transformations des graisses dans l'organisme (*Prov. méd.*, 1898).

Dosage colorimétrique de l'acide acétylacétique (*Un. pharm.*, 1898).

Sur le principe amer du cérumen [en collaboration avec M. Lannois] (*Soc. méd. de Lyon*, 1898).

Titrage des pepsines (*Soc. des sc. ind. de Lyon*, 1898).

Sur l'emploi thérapeutique des sels de Vanadium [en collaboration avec MM. Lyonnet et Martin] (*Lyon méd.*, 1899).

Sur les effets produits par l'injection intra-veineuse chez le chien de suc de levure [en collaboration avec M. le professeur Lépine] (*Soc. de méd. de Lyon*, 1899).

Le jambul au point de vue thérapeutique (*Prov. méd.*, 1899).

CHARTRES. — IMPRIMERIE DURAND, RUE FULBERT.

GUIDE PRATIQUE

POUR LES ANALYSES

DE

CHIMIE PHYSIOLOGIQUE

A L'USAGE

DES MÉDECINS, PHARMACIENS ET CHIMISTES

PAR

Le Dr F. MARTZ

PHARMACIEN DE 1re CLASSE

CHEF DES TRAVAUX DE CLINIQUE MÉDICALE A LA FACULTÉ DE MÉDECINE DE LYON

PRÉFACE DE M. LE Dr LÉPINE

PROFESSEUR DE CLINIQUE MÉDICALE A LA FACULTÉ DE MÉDECINE DE LYON

CORRESPONDANT DE L'ACADÉMIE DES SCIENCES

ASSOCIÉ DE L'ACADÉMIE DE MÉDECINE

AVEC 32 FIGURES

PARIS

LIBRAIRIE J.-B. BAILLIÈRE ET FILS

RUE HAUTEFEUILLE, 19, PRÈS DU BOULEVARD SAINT-GERMAIN

—

1899

Tous droits réservés.

PRÉFACE

Je puis faire l'éloge de ce petit livre ; car c'est une œuvre consciencieuse. M. le Dr Martz, dont j'ai pu apprécier depuis des années la rare compétence, l'a écrit pour les pharmaciens et les médecins. — Nul doute qu'il rende aux premiers les plus grands services, et j'affirme qu'il sera très utile aux seconds.: Le médecin n'a pas toujours, et sur le champ, l'assistance d'un chimiste ; il a besoin souvent d'un résultat immédiat, au moins qualitatif ; et d'ailleurs, pour bien apprécier la valeur d'une analyse faite par un chimiste, il est utile qu'il possède une connaissance au moins sommaire des méthodes et qu'il ait quelque peu manipulé lui-même. Il faut donc que le médecin se familiarise de plus en plus avec la chimie. Le Professeur Bouchard, qui occupe aujourd'hui la première place dans la médecine française, l'a dit depuis longtemps, et je suis ici l'écho de sa voix si autorisée.

Pr R. Lépine.

Lyon, 25 février 1899.

INTRODUCTION

En écrivant ce livre, mon but a été de réunir les procédés purement pratiques employés pour l'analyse des principaux produits physiologiques; c'est qu'en effet on a à examiner ces produits au point de vue soit médical, soit pharmaceutique, soit médico-légal, soit alimentaire; mais j'ai surtout insisté sur l'analyse des produits de l'organisme dans le but de faciliter le diagnostic et le traitement des maladies : tout le monde connaît l'importance qu'a prise dans ces dernières années la chimie physiologique soit en médecine, soit en physiologie. Qui pourrait actuellement nier les services rendus par le chimisme stomacal au diagnostic des maladies de l'estomac ?

Le dosage de l'hémoglobine, la numération des globules du sang, le séro-diagnostic de la fièvre ty-phoïde, etc., ne constituent-ils pas des méthodes d'investigation couramment employées en clinique?

N'est-il pas important de connaître la composition exacte d'un lait lorsqu'il doit servir à l'alimentation d'un nouveau-né ?

L'analyse complète et bien faite d'une urine ne fournit-elle pas des renseignements excellents sur l'état du rein, du foie, du cœur, de la vessie, etc. ? N'est-ce pas un moyen précieux pour faciliter le diagnostic des maladies de ces organes?

Ces quelques exemples montrent bien l'importance de la chimie physiologique pour le médecin.

Comme ce livre est essentiellement pratique, je renvoie le lecteur aux traités de chimie biologique pour les renseignements théoriques dont il aura besoin, ainsi que pour l'analyse des produits de l'organisme telle qu'on la pratique dans les laboratoires de physiologie ; cependant j'ai ajouté à chaque article les notions de pathologie qu'on possède actuellement.

Voici le plan de mon ouvrage.

Tout d'abord, je m'occupe des *liquides de l'organisme, urine, suc gastrique, lait*, etc. ; en étudiant le sang, je n'ai pas oublié l'examen médico-légal des taches ainsi que des taches de sperme, recherches dont le médecin ou pharmacien est souvent chargé.

Le lait dont l'importance en médecine est énorme, soit pour l'alimentation du nouveau-né, soit pour l'alimentation des malades soumis au régime lacté, a fait l'objet d'une étude assez longue.

Un chapitre complet est consacré à l'analyse *des calculs* qu'on rencontre dans l'organisme.

Dans un dernier chapitre, j'ai réuni, sous le nom de

matières albuminoïdes et ferments solubles, un certain nombre de produits physiologiques employés soit comme médicaments, soit comme aliments ; le chimiste est souvent appelé à examiner ces derniers produits et à donner son appréciation sur leur valeur.

Enfin, j'ai donné un certain nombre de tableaux, indiquant la composition des produits physiologiques, soit à l'état normal, soit à l'état pathologique ; on trouvera également des modèles de rapports d'analyses que les pharmaciens et chimistes apprécieront certainement.

Grâce à ma pratique de plusieurs années au Laboratoire de clinique médicale de la Faculté de Médecine de Lyon, sous la direction de M. le Professeur Lépine, les procédés, que je donne, ont été essayés et étudiés dans tous leurs détails.

Je pense avoir rempli le but que je m'étais proposé et j'espère que les médecins, pharmaciens et chimistes voudront bien faire bon accueil à mon ouvrage.

Lyon, le 1ᵉʳ mars 1899.

Dᵣ F. MARTZ.

GUIDE PRATIQUE

POUR LES ANALYSES

DE CHIMIE PHYSIOLOGIQUE

CHAPITRE PREMIER

LIQUIDES PHYSIOLOGIQUES. — URINE.

GÉNÉRALITÉS

L'analyse complète d'une urine comprend les déterminations suivantes :

§ 1er. — *Caractères organoleptiques.* — 1° Volume ; — 2° couleur ; — 3° odeur ; — 4° aspect ; — 5° réaction ; — 6° densité.

§ 2. — *Examen chimique du dépôt.*

§ 3. — *Dosage des éléments normaux.* — 1° Résidu fixe à 100° ; — 2° cendres ; — 3° matières organiques ; — 4° acidité ou alcalinité.

§ 4. — *Dosage des éléments normaux azotés.* — 1° Urée ; — 2° acide urique ; — 3° créatinine ; — 4° azote total et coefficient d'oxydation ; — 5° azote des composés xanthiques.

§ 5. — *Dosage des éléments normaux minéraux.* —

1° Chlorures ; — 2° phosphates ; — 3° sulfates ; — 4° oxalates ; — 5° ammoniaque ; — 6° potasse ; — 7° chaux.

§ 6. — *Recherche et dosage des éléments anormaux.* — 1° albumine (sérine et globuline); — 2° autres matières albuminoïdes (mucine, fibrine, nucléo-albumines, albumoses, peptones) ; — 3° glucose; — 4° autres matières sucrées (pentose, lactose) ; — 5° acétone ; — 6° acide acétyl-acétique ; — 7° acide β oxybutyrique; — 8° indican ; — 9° pigments biliaires, acides biliaires et urobiline ; — 10° sang ; — 11° pus ; — 12° inosite et matières grasses ; — 13° carbonates ; — 14° phénols ; — 15° tyrosine.

§ 7. — *Examen microscopique.*

§ 8. — *Conclusions.*

Avant d'étudier l'analyse de l'urine, il est nécessaire de connaître la composition exacte de ce liquide à l'état normal, c'est pourquoi on trouvera dans le tableau ci-dessous la proportion des différents éléments que renferme l'urine normale.

Composition de l'urine normale.

Volume en 24 heures : 1,200 à 1,500^{cc}.

Couleur : jaune citrin.

Odeur : sui generis.

Aspect : transparent, léger dépôt floconneux.

Réaction : franchement acide.

Densité : 1,018 à 1,020.

	Par litre.		En 24 heures.	
Résidu fixe à 100°..	34^{gr}	à 37^{gr}	48^{gr}	à 52^{gr}
Cendres.	8^{gr},5	à 10^{gr}	12^{gr}	à 14^{gr}

	Par litre.	En 24 heures.
Alcalinité des cendres exprimée en Co³ Na².	1ᵍʳ,50 à 0ᵍʳ,20	
Matières organiques	26ᵍʳ à 30ᵍʳ	36ᵍʳ à 38ᵍʳ
Acidité exprimée en HCl.	1ᵍʳ.50 à 2ᵍʳ	
Acidité des acides volatils en C²H⁴O². .	0ᵍʳ,04	0ᵍʳ,05
Urée.	15ᵍʳ à 25ᵍʳ	24ᵍʳ à 38ᵍʳ
Acide urique. . .	0ᵍʳ,30 à 0ᵍʳ,50	0ᵍʳ,50 à 0ᵍʳ,70
Créatinine. . . .	0ᵍʳ,30 à 1ᵍʳ	0ᵍʳ,60 à 13ᵍʳ
Azote total. . . .	6ᵍʳ à 12ᵍʳ	10ᵍʳ à 18ᵍʳ
Azote des composés xanthiques.	0ᵍʳ,10 à 0ᵍʳ,30	0ᵍʳ,15 à 0ᵍʳ,45
Chlorures exprimés en chlorure de sodium	6ᵍʳ à 10ᵍʳ	10ᵍʳ à 12ᵍʳ
Phosphates exprimés en acide phosphorique..	1ᵍʳ,50 à 2ᵍʳ	2ᵍʳ,50 à 3ᵍʳ,10
Soufre à l'état de SO³.	1ᵍʳ à 2ᵍʳ,50	1ᵍʳ,5 à 3ᵍʳ
Soufre incomplètement oxydé. . . .	0ᵍʳ,18 à 0ᵍʳ,45	0ᵍʳ,27 à 0ᵍʳ,84
Oxalates exprimés en acide oxalique. .	0ᵍʳ,01 à 0ᵍʳ,02	0ᵍʳ,013 à 0ᵍʳ,026
Ammoniaque. . .	0ᵍʳ,28 à 0ᵍʳ,80	0ᵍʳ,30 à 1ᵍʳ,2
Potasse..	2ᵍʳ à 4ᵍʳ	3ᵍʳ à 5ᵍʳ
Chaux..	0ᵍʳ,10 à 0ᵍʳ,18	0ᵍʳ,12 à 0ᵍʳ,25
Déviation au polarimètre.	0,01 à 0,18	
Acétone.	0ᵍʳ,004 à 0ᵍʳ,01	0ᵍʳ,006 à 0,ᵍʳ018
Acides biliaires. .	0ᵍʳ,008	0ᵍʳ,01
Phénols.	0ᵍʳ,002 à 0ᵍʳ,008	0ᵍʳ,003 à 0ᵍʳ,015
Indican.	0ᵍʳ,0066	0ᵍʳ,0195

§ 1er. — CARACTÈRES ORGANOLEPTIQUES.

1° **Volume.** — La quantité d'urine émise en 24 heures par un adulte est d'environ 1,500 centimètres cubes, soit 60 à 70 centimètres cubes par heure.

Il arrive fréquemment qu'on a besoin de connaître les quantités excrétées la nuit et le jour, voici comment il faut s'y prendre : le malade urine à son lever, et à partir de ce moment jusqu'à son coucher, il recueille dans un récipient quelconque ses urines, on a ainsi *les urines de la journée*, on en prend exactement le volume : pendant la nuit, il a soin d'uriner dans un récipient jusqu'à son lever inclusivement, on a ainsi les *urines de la nuit;* la réunion des deux liquides constituera évidemment la totalité des *urines émises en 24 heures.*

Au point de vue pathologique, on constate de la *polyurie* dans les maladies suivantes : néphrite interstitielle, diabète sucré, diabète insipide, excitations cérébrales (hystérie, épilepsie, névrose, etc.), tuberculose des voies urinaires.

Certains produits médicamenteux produisent également de la diurèse.

Le volume de l'urine est diminué dans les maladies fébriles, l'arthritisme, certaines affections cardiaques ou rénales, la cirrhose atrophique du foie.

Enfin, on constate de l'anurie dans les obstructions des uretères par des calculs ou dans l'urémie.

2° **Couleur.** — A l'état normal, l'urine présente une couleur jaune ambré, mais à l'état pathologique on peut dire que sa coloration varie du jaune très pâle au brun très foncé, on trouve des urines verdâtres, dichroïques et même bleues.

Certains médicaments colorent l'urine; c'est ainsi que les matières colorantes d'aniline passent très facilement dans l'urine; les diurétiques rendent les urines presque incolores.

3° **Odeur.** — L'urine normale possède une odeur spéciale *sui generis*, on rencontre souvent des urines qui ont une odeur ammoniacale très prononcée, ce qui tient à la fermentation de l'urée, soit dans la vessie, soit après l'émission; enfin on devra signaler les odeurs spéciales des urines après l'absorption de certains médicaments ou aliments (copahu, essence de térébenthine, asperge).

4° **Aspect.** — L'urine normale est limpide, mais, au bout de quelque temps, elle forme un léger dépôt, blanc, floconneux, qui est de la mucine; souvent, pendant l'hiver, l'urine forme peu de temps après l'émission un dépôt formé d'urates; lorsque les urines sont ammoniacales, le dépôt est constitué par des phosphates.

A l'état pathologique, on trouve fréquemment des urines troubles et dont le dépôt présente un intérêt clinique, comme on le verra plus loin.

Ces dépôts peuvent être formés d'urates, de phosphates, de sang, de pus, etc.

5° **Réaction.** — On doit prendre la réaction de l'urine aussitôt après l'émission à l'aide du papier de tournesol, dans ce cas, l'urine normale est légèrement acide : mais elle devient rapidement neutre et même alcaline, par suite de la transformation de l'urée en carbonate d'ammoniaque.

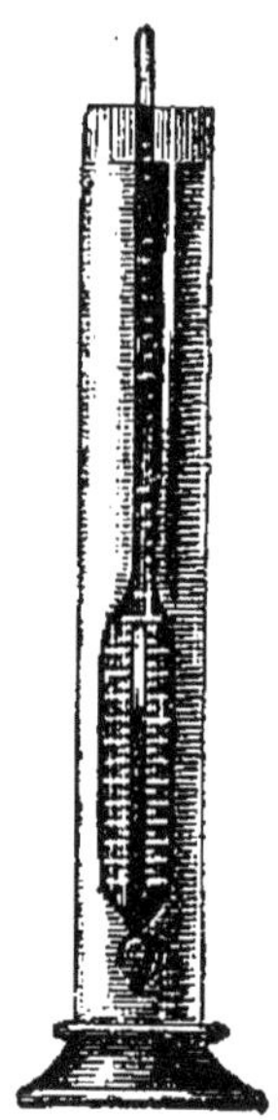

Fig. 1.
Densimètre
pour urines.

Dans les cas pathologiques, on rencontre souvent des urines neutres ou même alcalines ; cette dernière réaction est due soit à la fermentation ammoniacale, soit à des médicaments alcalins administrés à haute dose, tel que le bicarbonate de soude, médicaments qui passent dans les urines.

6° **Densité.** — On prend la densité de l'urine au moyen d'un petit densimètre gradué jusqu'à 1,050 (fig. 1).

Pour cela, on place l'urine dans une éprouvette un peu large et on y plonge l'aréomètre dont la tige a été préalablement lavée à l'éther, puis frottée avec un linge légèrement imbibé de soude caustique pour enlever toutes les matières grasses qui influent sur les résultats : on lit la graduation au bas du ménisque : mais comme l'appareil a été gradué pour la température de 15 degrés, il faut ramener cette densité à

15 degrés, pour cela on prend la température du liquide, et on ajoute ou on retranche 1 millième par 3 degrés de température au-dessus ou au-dessous de 15 degrés.

§ 2. — EXAMEN CHIMIQUE DU DÉPOT.

Il arrive fréquemment que les urines de 24 heures présentent un dépôt plus ou moins volumineux, tantôt ce dépôt préexiste dans la vessie, tantôt il se forme après l'émission ; il est important de noter ce fait.

Il ne faut pas confondre les *dépôts ou sédiments* avec les calculs ; les premiers se présentent toujours sous forme de *produits pulvérulents*, tandis que les seconds sont constitués par des *grains plus ou moins volumineux ;* tout le monde sait qu'il peut exister dans l'intérieur de la vessie des calculs de la grosseur d'un œuf ; il sera donc très facile de séparer dans une analyse d'urine les dépôts des calculs urinaires.

Très souvent on détermine la nature du dépôt par le microscope, mais les moyens chimiques donnent des renseignements précieux ; pour cela on recueille sur un petit filtre sans plis une certaine quantité du dépôt et on procède à l'analyse à l'aide du tableau suivant.

1° **L'urine est acide.** — Dépôt plus ou moins rouge,

traité par l'eau bouillante, se dissout, la potasse ne donne rien, l'acide chlorhydrique donne un précipité cristallin, le dépôt donne la réaction de la muxeride[1] ... *Urate acide de soude.*

Dépôt cristallin presque insoluble dans l'eau bouillante, se dissout facilement en faveur de la potasse, le produit donne la réaction de la murexide... *Acide urique.*

Dépôt cristallin insoluble dans la potasse mais soluble dans l'ammoniaque et l'acide chlorhydrique... *Cystine (très rare).*

Dépôt blanc, muqueux, assez dense, souvent visqueux ne se mélangeant pas au reste de l'urine ; la potasse le rend très visqueux ; le microscope révèle des globules de pus (Dépôt rare dans les urines acides)... *Pus.*

Dépôt rouge sang, la teinture de gaïac avec l'essence de térébenthine donne une coloration bleue, le spectroscope donne les raies de l'hémoglobine, le microscope indique des globules sanguins, on peut obtenir des cristaux de chlorhydrate d'hématine (urines albumineuses)... *Sang.*

Dépôts généralement peu abondants n'ayant pas de

---

1. Pour faire cette réaction on opère ainsi : le dépôt, additionné de quelques gouttes d'acide azotique, est évaporé à sec au bain-marie, le résidu jaune ainsi obtenu donne au contact de l'ammoniaque une coloration pourpre ou purpurate d'ammonium ; avec la soude ou la potasse on a une coloration rouge bleue.

réactions chimiques mais reconnaissables au microscope (*voir examen microscopique.*)

2° L'urine est neutre ou alcaline.— Dépôt plus ou
moins rouge facilement soluble dans l'eau bouillante
et donnant la réaction de la murexide... *Urates
alcalins.*

Dépôt blanc insoluble dans l'eau bouillante et la
potasse, soluble dans l'acide acétique, ne donnant
pas la réaction de la murexide; la solution azotique
du dépôt donne un précipité jaune à chaud avec le
molybdate d'ammoniaque... *Phosphate de chaux ou
ammoniaco-magnésien.*

Dépôt blanc insoluble dans l'eau bouillante, la
potasse et l'acide acétique, soluble dans les acides
chlorhydrique et azotique; ne donnant pas la réaction
de la murexide et ne donnant pas de précipité avec le
molybdate d'ammoniaque... *Oxalate de chaux.*

Dépôt blanc insoluble dans l'eau bouillante, et la
potasse, soluble avec effervescence dans les acides
acétique, azotique et chlorhydrique, ne donnant pas
la réaction de la murexide... *Carbonate de chaux.*

Dépôt blanc muqueux assez dense, souvent visqueux, ne se mélangeant pas au reste de l'urine,
la potasse le rend très visqueux, le microscope
révèle des globules de pus... *Pus (fréquent dans les
urines alcalines et albumineuses.)*

Dépôt rouge sang, la teinture de gaïac avec
l'essence de térébenthine donne une coloration
bleue, le spectroscope donne les raies de l'hémoglo-

bine, le microscope indique des globules sanguins, on
peut obtenir des cristaux d'hémine... *Sang (urines
albumineuses.)*

Dépôts généralement peu abondants, n'ayant pas
de réactions chimiques mais reconnaissables au microscope (*voir examen microscopique*).

Au point de vue pathologique la présence des
sédiments dans les urines indique généralement
une altération des sécrétions ou un changement
profond dans la composition du liquide.

§ 3. — DOSAGE DES ÉLÉMENTS NORMAUX

1° Résidu fixe á 100°. — 10 centimètres cubes
d'urine sont évaporés dans une capsule de platine au
bain-marie (fig. 2), puis on dessèche à l'étuve (fig. 3)
jusqu'à poids constant, et finalement on pèse après
refroidissement sous une cloche en présence de l'a-
cide sulfurique. Ce dosage est fort inexact, car on
perd ainsi de l'urée qui s'évapore à l'état de carbonate d'ammoniaque ; du reste ce dosage est peu important, car la densité suffit à renseigner sur l'état
de concentration de l'urine, c'est pourquoi plusieurs
auteurs ont déduit le résidu fixe de la densité ; ce résultat quoique *très approximatif* s'obtient en multipliant par 2,33 les deux derniers chiffres de la densité prise avec 3 décimales.

2° Cendres. — Le résidu de la capsule précédente

est carbonisé avec précautions au rouge sombre, on épuise le charbon ainsi obtenu par l'eau distillée bouillante à plusieurs reprises et recueille le charbon sur un petit filtre en papier lavé, on sèche le filtre avec le charbon et on calcine le tout au rouge sombre dans la même capsule de platine qui a servi

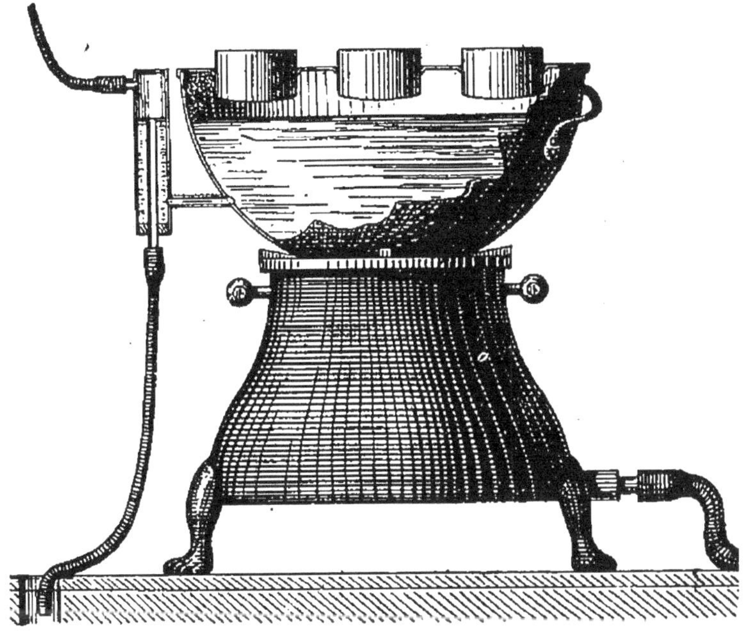

Fig. 2. — Bain-marie à niveau constant.

plus haut ; lorsque les cendres sont blanches on ajoute la solution précédente, évapore au bain marie et calcine au rouge sombre et on pèse après refroidissement dans le dessiccateur.

Souvent après l'ingestion de certains médicaments comme le bicarbonate de soude, il est important de doser l'alcalinité des cendres; voici comment on opère : on évapore au bain-marie 20 centimètres cubes d'urine, on carbonise le résidu et chauffe quelques instants au rouge sombre; après refroidissement on traite par l'eau distillée bouillante à plusieurs reprises; la liqueur non-filtrée est additionnée de 10 centimètres cubes d'acide sulfurique normal

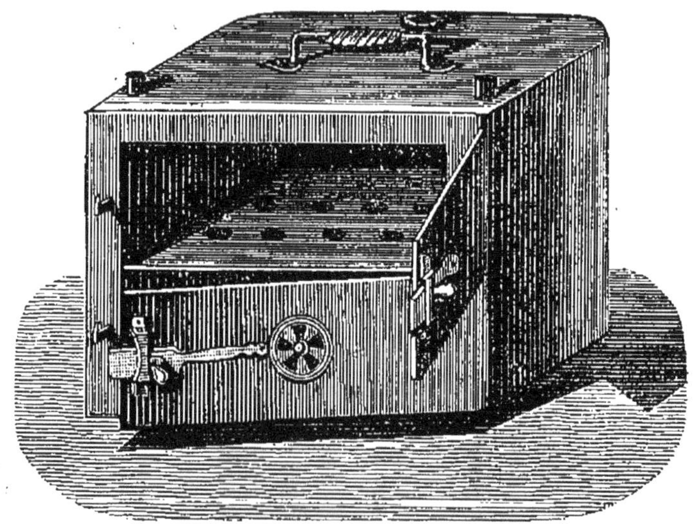

Fig. 3. — Etuve à eau chaude

décime, on porte à l'ébullition quelques instants et titre avec la soude normale décime l'excès d'acide sulfurique en présence de la phtaléine du phénol.

Si N est le nombre de centimètres cubes de soude normale décime employés, l'alcalinité des cendres par litre sera donnée par la formule

$$(10 - N)\,0{,}0053 \times 50.$$

L'alcalinité est exprimée en carbonate de soude anhydre.

3° **Matières organiques**. — On les obtient par différence entre le poids des matériaux fixes à 100° et les cendres.

4° **Dosage de l'acidité ou de l'alcalinité**. — Pour doser l'acidité on prend une capsule de porcelaine dans laquelle on place 100 centimètres cubes d'eau, distillée et 2 ou 3 gouttes d'une solution alcoolique de phtaléine du phénol sensibilisée [1], puis à l'aide d'une burette de Mohr, on laisse tomber de la soude normale décime jusqu'à ce qu'on obtienne une teinte rose persistante, on note le nombre de centimètres cubes employés, et on ajoute dans la capsule 10 centimètres cubes de l'urine à titrer puis de la soude normale décime jusqu'à ce qu'on obtienne la teinte rose, on note le nombre de centimètres cubes employés ; la différence entre ce nombre et le premier indique la quantité de centimètres cubes de soude décinormale nécessaires pour saturer l'acidité de l'urine ; soit N ce nombre l'acidité par litre exprimée en acide chlorhydrique sera donnée par la formule

$$N \times 0,00365 \times 100.$$

Ce procédé est applicable à toutes les urines quelle

---

1. La solution alcoolique de phtaléine du phénol sensibilisée s'obtient en dissolvant dans 100cc d'alcool à 90°, 1 gramme de phtaléine du phénol, puis ajoutant goutte à goutte à l'aide d'une burette de Mohr, une solution de soude caustique à 1/100 jusqu'à ce que la liqueur prenne une teinte rose persistante.

que soit leur couleur, mais malheureusement la
phtaléine n'est pas sensible à tous les sels qui concou-
rent à former l'acidité de l'urine, c'est pourquoi les
résultats ne sont pas très exacts.

Pour doser l'*alcalinité* on prend une capsule contenant 100 centimètres cubes d'eau distillée et 2 ou
3 gouttes de phtaléine du phénol, on laisse tomber,
à l'aide de la burette de Mohr, de la soude normale
décime jusqu'à coloration rose, puis on ajoute 10 centimètres cubes d'urine et 20 centimètres cubes
d'acide sulfurique normal décime, on porte à l'ébullition lentement et on laisse refroidir, puis on
ajoute de la soude normale décime jusqu'à coloration rose persistante ; on note le nombre de centimètres cubes employés et on en retranche la quantité de soude employée pour obtenir la teinte rose
et soit N ce nombre, l'alcalinité exprimée en ammoniaque sera donnée par la formule :

$$(20 - N) \times 0,0017 \times 100.$$

Nota. — Si 20 centimètres cubes d'acide sulfurique décime ne suffisent pas à décolorer la liqueur
on en ajoutera une quantité plus grande.

Acidité des acides volatils. — Pour doser l'acidité des acides volatils, on prend 50 centimètres
cubes d'urine qu'on place dans une petite cornue
avec un fragment de paraffine et de pierre ponce. La
cornue est reliée à un réfrigérant de Liebig où se fait
une circulation d'eau très active ; on chauffe et dis-

tille jusqu'à ce qu'on ait recueilli 20 à 25 centimètres cubes de distillat, dans lequel on titre les acides volatils par la soude normale décime en présence de la phtaléine du phénol comme indicateur ; soit N le nombre de centimètres employés, l'acidité des acides volatils par litre exprimée en acide acétique sera donnée par la formule :

$$N \times 0{,}0060 \times 20.$$

Dans quelques cas pathologiques où la proportion d'acides gras volatils devient considérable dans l'urine, ces derniers se solidifient dans le réfrigérant ; pour obvier à cet inconvénient, on fait passer après la distillation dans le réfrigérant un peu d'alcool bien neutre qui dissout les acides gras et on fait ensuite le titrage comme à l'ordinaire.

Pathologie. — L'urine normale est acide, son acidité correspond à 1,50 à 2 grammes d'acide chlorhydrique par litre ; à la suite de médications alcalines, l'acidité diminue et l'urine devient même alcaline.

Toutes les urines abandonnées à l'air deviennent alcalines au bout d'un certain temps ; enfin l'urine est fortement alcaline dans tous les cas de cystite, et toutes les fois qu'il se fait des fermentations dans la vessie.

A l'état normal, l'acidité des acides volatils est représentée par quelques centigrammes (0,05 exprimés en acide acétique), mais par suite de certaines alimentations cette quantité augmente un peu ; ce n'est que dans les maladies où les combustions internes sont profondément modifiées qu'on voit les acides volatils augmenter considérablement, et c'est en particulier dans le diabète sucré où l'acidité des acides volatils devient très élevée ; ces acides volatils sont formés d'acides gras à odeur désagréable et qui sont peu solubles dans l'eau.

§ 4. — DOSAGE DES ÉLÉMENTS NORMAUX AZOTÉS

1° Urée. — Les procédés de dosage de l'urée sont fort nombreux, mais dans la pratique on n'emploie guère que le procédé à l'hypobromite de soude et le procédé par hydratation de l'urée par la chaleur.

Cependant le procédé Miquel est quelquefois employé ; il repose sur la transformation de l'urée en carbonate d'ammoniaque par les microbes (bacilles recueillis dans les égouts) : on commence par additionner l'urine de carbonate d'ammoniaque (pour faciliter l'action des microbes) on fait un titrage alcalimétrique, puis on ensemence avec des microbes recueillis dans les égouts, on maintient le tout à l'étuve pendant quelques heures à 40°, on fait ensuite un titrage alcalimétrique ; la différence donne le carbonate d'ammoniaque correspondant à l'urée disparue ; c'est le meilleur procédé, car l'urée seule est transformée, mais il est cependant peu employé et dans la pratique on a recours à 2 procédés que je vais décrire.

Dosage par l'hypobromite de soude. — Il repose sur l'oxydation de l'urée par l'hypobromite de soude, il y a formation de $CO_2 + Az$; comme la liqueur est fortement alcaline, CO_2 est absorbé et l'azote se dégage ; on le recueille et le mesure.

$$CO \begin{matrix} AzH_2 \\ AzH_2 \end{matrix} + 3BrONa = 3NaBr + 2H_2O + CO_2 + Az_2$$

Donc 1 molécule d'urée donne 2 molécules d'azote.

Les formules pour préparer la solution d'hypobromite de soude sont fort nombreuses, je conseille la formule suivante qui est plus particulièrement employée pour les dosages d'urée ou d'azote total par l'azotomètre.

On dissout 200 grammes de soude caustique dans 1 litre d'eau distillée, on refroidit le liquide et ajoute par petites portions en agitant et refroidissant 20 centimètres cubes de brome soit 63 grammes environ ; il est nécessaire de refroidir pour éviter la transformation de l'hypobromite en bromate et bromure. Ce liquide doit être conservé à l'abri de la lumière.

Comme la solution d'hypobromite de soude se conserve mal, et lorsqu'on fait rarement des dosages d'urée, on peut la préparer extemporanément ; pour cela on prend un compte-goutte ordinaire, formé d'un tube de verre effilé et d'une petite poire de caoutchouc, on marque avec une lime sur le tube de verre un trait correspondant exactement à 1 centimètre cube d'eau distillée : on préparera alors l'hybobromite de soude extemporanément ainsi : on dissout dans 50 centimètres cubes d'eau distillée 10 grammes de soude caustique ; on aspire avec le compte-goutte gradué 1 centimètre cube de brome conservé sous l'eau et on laisse tomber lentement le brome dans la soude refroidie ; on a ainsi la quantité d'hypobromite de soude pour faire un dosage ou même deux.

Les appareils qui servent au dosage de l'urée sont fort nombreux et tous donnent d'assez bons résultats cliniques, je n'entrerai donc pas dans la description de tous ces instruments qui sont tous très connus, mais je décrirai un appareil peu employé mais très commode, c'est l'*Azotomètre*. Cet appareil présente de nombreux avantages car il peut servir au dosage de l'azote total dans l'urine et à la détermination du coefficient d'oxydation ; je ne parlerai pas de tous les modèles qui ont été construits et je me contenterai de décrire le modèle suivant (fig. 4).

Il se compose d'un vase à réaction, et d'un appareil de mesure. Le vase à réaction A est un poudrier d'une contenance de 125 à 150 centimètres cubes, on a mis à l'intérieur un petit tube de verre B d'une contenance de 20 à 25 centimètres cubes et assez long pour qu'il se maintienne dans la position indiquée par la figure. Le tout est plongé dans un verre contenant de l'eau ; du poudrier A part un tube de dégagement C, terminé par un tube de caoutchouc, qui est relié en D à l'appareil mesureur. Ce dernier se compose d'un tube gradué E, fixé sur une planchette et d'une contenance de 100 centimètres cubes au

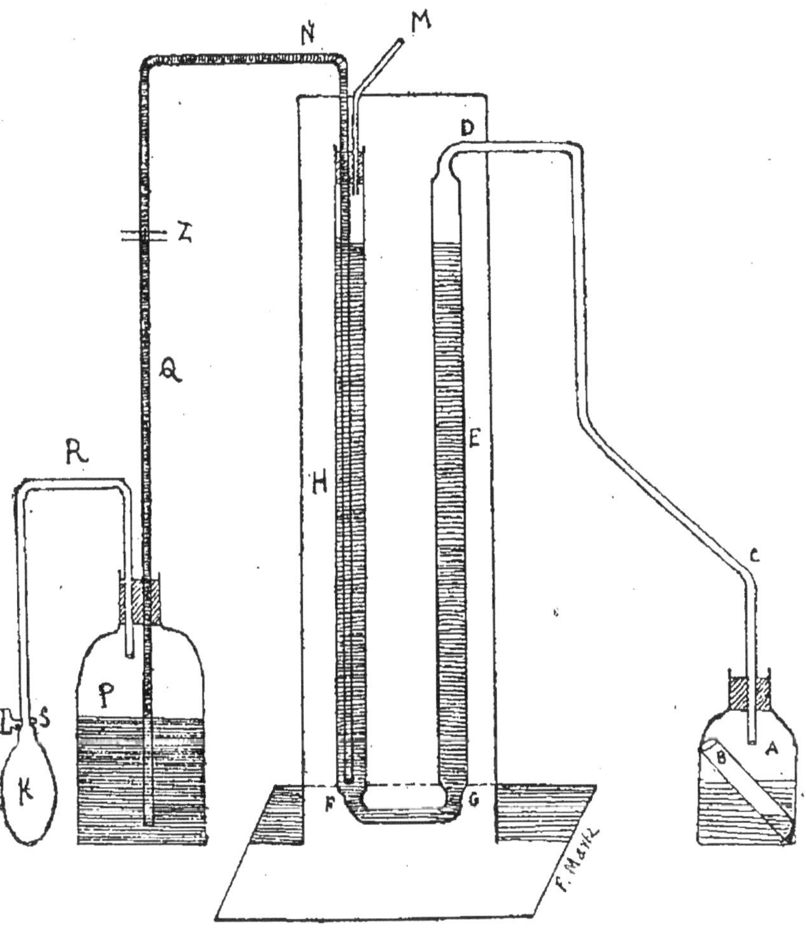

Fig. 4. — Azotomètre (Schéma).

moins, il est relié en G à un tube de caoutchouc qui le met en communication avec le tube H qui n'est

pas gradué et qui est lui-même fixé sur la planchette,
il doit avoir à peu près la même contenance que le
tube E. Le tube H est fermé à la partie supérieure
par un bouchon de caoutchouc percé de 2 trous : l'un
qui le met en communication avec l'atmosphère par
le tube M, l'autre qui est traversé par un tube N qui
plonge jusqu'à la *partie inférieure du tube* H ; ce
tube N est en communication par un caoutchouc
avec un tube de verre qui plonge au fond d'un poudrier P, d'une capacité de 500 centimètres cubes
environ dont le bouchon laisse passer un autre tube
R qui pénètre de quelques centimètres dans le poudrier et qui est en communication avec une poire K ;
un robinet S dont la clef s'enlève, permet de mettre
en communication le poudrier P et la poire K avec
l'atmosphère. Une pince de Mohr Z à ressort est fixée
sur le tube de caoutchouc.

On a soin de mettre des ligatures solides à
l'union des tubes de verre et de caoutchouc. On peut
immerger l'appareil mesureur dans l'eau, mais ce
n'est pas tout à fait nécessaire.

Pour se servir de l'appareil on commence par déboucher le poudrier A, puis on remplit à moitié le
poudrier P d'eau ordinaire colorée avec un peu de
fuchsine ; on ouvre le robinet S, et la pince Z, et
en pressant la poire K on fait monter le liquide du
poudrier P dans le tube N puis dans le tube H et
enfin dans E ; lorsque les 2 tubes E et H sont pleins
de liquide, on serre la pince Z et on enlève la clef du

robinet S pour mettre la poire et le poudrier en communication avec l'atmosphère ; l'appareil est alors prêt à fonctionner. On introduit dans le poudrier A 50 centimètres cubes environ d'hypobromite de soude, puis dans le tube B 2 centimètres cubes d'urine et 1 centimètre cube de sirop simple du Codex. Méhu en effet a montré que l'hypobromite de soude dégageait à peu près tout l'azote de l'urée en présence du sucre.

On dépose délicatement le tube B dans le poudrier A, de façon que le tube occupe la position indiquée par la figure ; alors on bouche solidement le poudrier A ; le liquide du tube E est un peu refoulé en H et les 2 niveaux ne sont plus sur un même plan horizontal ; il suffit pour les ramener sur un même plan horizontal d'enlever la clef du robinet S et d'ouvrir avec précautions la pince Z, on amène ainsi les niveaux du liquide dans les tubes E et H sur un même plan horizontal ; on lit la division à laquelle s'arrête le liquide dans le tube E, soit par exemple 5 centimètres cubes. Maintenant il ne reste plus qu'à faire agir l'hypobromite de soude sur l'urée dans le poudrier A, cette réaction doit être faite lentement, pour cela on renverse doucement le poudrier A de façon que quelques gouttes d'urine du tube B tombent dans l'hypobromite de soude, l'azote de l'urée se dégage et vient refouler le liquide du tube E dans le tube H, on continue à mélanger doucement l'urine du tube B à l'hypobromite de soude ; enfin on agite

2.

fortement et plonge le poudrier A dans un verre d'eau pour qu'il prenne la température ambiante. Au bout de 15 à 20 minutes, on peut faire la lecture, mais pour cela il faut ramener les niveaux des liquides des tubes E et H sur un même plan horizontal ; la clef du robinet S étant enlevée, on ouvre la pince Z très doucement, le liquide s'écoule par le tube N dans le poudrier P ; on s'arrête lorsque les 2 niveaux dans les tubes E et H sont sur un même *plan horizontal ;* avec un peu d'habitude, on y arrive très facilement et très rapidement. Pendant que le gaz se refroidit, il est bon également de diminuer la pression dans le poudrier A et le tube E en ouvrant la pince Z, de façon que les niveaux dans les tubes E et H soient sur un même plan.

Si, par hasard, l'hypobromite de soude du flacon A était *complètement décoloré,* il faudrait recommencer le dosage en opérant par exemple sur 1 centimètre cube d'urine ; et il faut bien se rappeler qu'après la décomposition de l'urée le liquide du poudrier A doit être *jaune.*

Lorsque les liquides des tubes E et H sont sur un même plan horizontal, on fait la lecture dans le tube E ; si on trouve 15 par exemple, la quantité d'azote dégagé sera 15 — 5 = 10 centimètres cubes ; on note la température de l'eau dans laquelle plonge le poudrier A et en même temps la pression pour les expériences très précises.

On a ainsi la quantité d'azote fourni par l'urée de

2 centimètres cubes d'urine, l'acide carbonique étant complètement absorbé à cause de l'excès de soude que contient la liqueur.

Le nombre de *centimètres cubes d'azote multipliés par 0,00256, puis par 500,* donne la quantité d'urée par litre ; mais comme le coefficient est calculé pour la température de 15°, il faut faire la correction suivante qui consiste à ajouter au résultat 0^{gr},02 d'urée par centimètre cube d'azote et pour chaque 5° de température au-dessous de 15° ; si la température observée est au-dessus de 15°, on retranche.

Les corrections de pression sont négligeables, si l'on voulait les faire, on emploierait les tables de Gay-Lussac, pour calculer le volume d'azote à 760.

En suivant ce procédé on a l'urée avec assez d'exactitude, mais lorsqu'on veut déterminer le coefficient d'oxydation, il est nécessaire de doser l'urée avec une grande précision et on doit employer le procédé suivant : il repose sur ce fait, si on ajoute à l'urine une solution chlorhydrique d'acide phosphotungstique, on précipite à l'état insoluble toutes les matières azotées autres que l'urée ; les sels ammoniacaux sont également précipités à l'état de phospho-tungstates insolubles ; pourtant la leucine et la tyrosine restent en solution, mais on sait que ces corps ne sont pas décomposés par l'hypobromite de soude.

Le réactif phospho-tungstique se prépare en dissolvant dans 100 centimètres cubes d'eau distillée

20 grammes de tungstate de soude et 5 centimètres cubes d'acide phosphorique officinal ; on chauffe à l'ébullition pendant 20 minutes environ en remplaçant l'eau qui s'évapore. La liqueur étant devenue nettement alcaline, on l'acidule franchement par l'acide chlorhydrique et on filtre après repos.

On commence par s'assurer, une fois pour toutes, que la liqueur phospho-tungstique ne précipite pas l'urée d'une solution à 0,40 pour 100.

On prend alors 5 centimètres cubes d'urine qu'on place dans un ballon jaugé à 50 centimètres cubes, et on ajoute 2 centimètres cubes d'acide chlorhydrique puis 8 à 10 centimètres cubes de réactif phospho-tungstique suivant la concentration de l'urine ; on laisse reposer quelque temps et on essaye si la liqueur précipite encore par le réactif phospho-tungstique, si elle précipite, on ajoute un peu de réactif ; enfin on amène à 50 centimètres cubes avec de l'eau distillée et on laisse reposer 12 heures.

Au bout de ce temps on filtre, et on prélève 10 centimètres cubes du filtratum, qui correspondent à 1 centimètre cube d'urine, on les place dans le tube de l'*Azotomètre* avec 1 centimètre cube de sirop simple et 2 centimètres cubes d'une lessive de soude à 1,33 environ. On met dans le poudrier 50 centimètres cubes de liqueur d'hypobromite de soude et on termine comme il est dit plus haut en observant toutes les précautions décrites.

Le calcul se fait de la même façon que plus haut,

et le volume de l'azote dégagé sert à la détermination du coefficient d'oxydation urinaire, comme on le verra un peu plus bas.

Dosage par transformation en carbonate d'ammoniaque par la chaleur. — Cette méthode est fondée sur la transformation de l'urée en carbonate d'ammoniaque à 180°; on pourrait à la rigueur se servir de tubes scellés ordinaires, mais MM. Cazeneuve et Hugounencq ont proposé un appareil qui simplifie considérablement les opérations. Il se compose d'un bain d'huile dans lequel plongent verticalement des tubes de bronze pouvant être fermés parfaitement par un bouchon à vis; ces tubes sont recouverts à l'intérieur d'une couche de platine déposé par l'électrolyse.

L'urine est préalablement filtrée sur du noir animal pour enlever la matière colorante; on place 50 centimètres cubes de cette urine dans un petit tube à essai qu'on dépose dans le tube de bronze, on bouche solidement au moyen de deux clefs *ad hoc*, on chauffe à 180° pendant une demi-heure; et après refroidissement on transvase le liquide dans un vase puis on titre le carbonate d'ammoniaque par l'acide sulfurique normal. Le nombre de centimètres cubes d'acide sulfurique normal multiplié par 6 et par 200 donne le poids d'urée par litre. Ce procédé est très juste et très rapide, mais cependant la créatinine est décomposée et augmente légèrement le poids d'urée.

Pathologie. — Un homme en bonne santé élimine 15 grammes à 25 grammes d'urée par litre d'urine, soit 24 grammes à 38 grammes en 24 heures.

Les enfants excrètent moins d'urée, de même que les femmes.

Les variations de l'urée sont fort importantes au point de vue clinique, mais dans tous les cas il faut tenir compte de l'alimentation.

L'urée augmente dans les maladies aiguës, les fièvres éruptives, la fièvre typhoïde, la péritonite, le diabète, après l'ablation des tumeurs abdominales, dans la congestion simple du foie.

Certains médicaments tels que la morphine, la codéine, les sels ammoniacaux, le chloral, le chlorure de sodium, etc., augmentent l'urée.

L'urée diminue dans les maladies aiguës après la chute de la fièvre, dans l'atrophie jaune aiguë du foie, dans l'ictère infectieux, dans la cirrhose, dans les maladies des reins, dans la dégénérescence graisseuse du foie, dans un certain nombre de maladies chroniques atteignant la vitalité des tissus (chlorose, affections cancéreuses, tuberculose, dans les intoxications par l'arsenic, le phosphore, etc.).

2° Acide urique. — On connaît un certain nombre de procédés de dosages de l'acide urique ; mais on emploie généralement le procédé de Salkowski modifié par Deroide ; il repose sur la précipitation de l'acide urique à l'état d'urate argentico-magnésien dont la composition, qui n'est pas tout à fait constante, se rapproche de la formule

$$3 \ (C^5H^4Az^4O^3) < \begin{matrix} Ag^4 \\ Mg \end{matrix},$$

et il suffit de titrer dans ce précipité l'argent pour en déduire l'acide urique.

La pratique de ce dosage comprend l'emploi des liqueurs suivantes:

Solution A. — On dissout dans 500 centimètres cubes d'eau 26 grammes d'azotate d'argent pur, on ajoute de l'ammoniaque jusqu'à dissolution complète du précipité, puis de l'eau distillée de façon à faire 1000 centimètres cubes.

Solution B. — Dans 500 centimètres cubes d'eau distillée, on dissout 100 grammes environ de chlorure de magnésium, 150 grammes de chlorure d'ammonium, on ajoute 200 centimètres cubes d'ammoniaque et de l'eau distillée pour faire 1000 centimètres cubes.

Solution d'azotate d'argent N/50 obtenue en dissolvant 3gr,40 d'azotate d'argent pur et sec dans 1000 centimètres cubes d'eau distillée.

Un centimètre cube de cette solution $= 3^{mmgr},36$ d'acide urique-

Solution de sulfocyanure de potassium faite en dissolvant 2 grammes de sulfocyanure de potassium dans un litre d'eau distillée.

Solution d'alun de fer ammoniacal à 5/100.

Acide azotique pur dilué au 1/5 (il faut avoir soin de faire passer un courant d'air dans cette solution pour la débarrasser des vapeurs rutilantes, cette solution est placée dans une pissette à jet) (fig. 5).

On commence par titrer la solution de sulfocyanure de potassium ; pour cela, on place dans un verre à pied 10 centimètres cubes de la solution d'argent N/50, on ajoute 5 centimètres cubes d'acide azotique pur et bien débarrassé de vapeurs rutilantes, 100 centimètres cubes d'eau distillée, et 5 centimètres cubes environ d'alun de fer ammoniacal puis avec la burette de Mohr, on laisse tomber du sulfocyanure de potassium jusqu'à ce que la liqueur vire au rouge, en ayant soin d'agiter fortement; si la liqueur est juste, il faudra employer 10 centimètres cubes de sulfocyanure; dans le cas contraire, il faudra ajouter de l'eau ou du sel, suivant qu'on aura employé moins de 10 centimètres cubes ou plus de 10 centimètres cubes. La quantité d'eau ou de sel à ajouter se déterminera par une simple règle de trois ; dans tous les cas, il faut, après correction, vérifier de nouveau le titre de la liqueur.

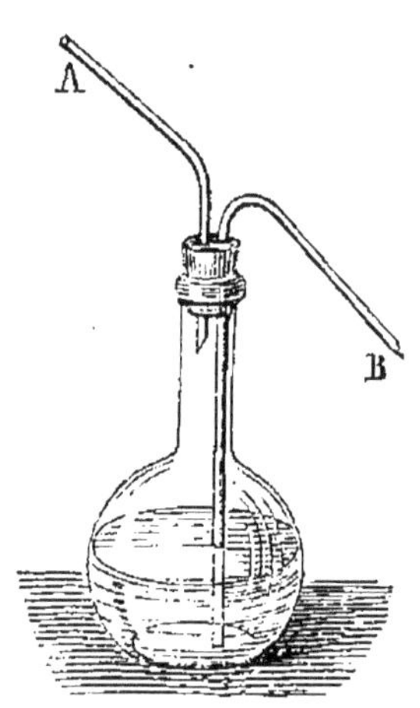

Fig. 5. — Pissette à jet.

Dans ces conditions, un centimètre cube de solution de sulfocyanure de potassium correspondra à $3^{mmgr},36$ d'acide urique.

Avant de faire le dosage de l'acide urique dans

l'urine, il faut s'assurer qu'elle ne contient pas d'albumine; dans le cas contraire, il est nécessaire d'éliminer cette dernière par ébullition avec quelques gouttes d'acide acétique.

Si l'urine est troublée par un dépôt d'urates ou d'acide urique, on doit dissoudre ce dernier en chauffant l'urine additionnée de quelques gouttes de soude caustique, car il importe de doser tout l'acide urique, soit en solution, soit sous forme de dépôt.

Voici comment on pratique le dosage. On prend 50 centimètres cubes d'urine filtrée, on ajoute 0,50 de carbonate de chaux très pur, puis un mélange de 5 centimètres cubes de la solution A et 5 centimètres cubes de la solution B (si le mélange est trouble, il suffit d'ajouter quelques gouttes d'ammoniaque, pour dissoudre le précipité), on agite fortement et laisse déposer 3 ou 4 minutes; on *filtre à la trompe* sur un papier *Chardin*, en ayant soin de garnir le fond du filtre avec un petit tampon de laine de verre [1]; on lave le verre et le précipité à l'eau ammoniacale au 1/10 jusqu'à ce que la liqueur qui filtre ne précipite plus par HCl après avoir été acidulée par l'acide azotique, on lave une dernière fois à l'eau distillée [2]; puis on étale le filtre à la partie supérieure d'un grand verre à expérience; et à l'aide de la pissette à

---

1. Cette laine de verre facilite le tassement du précipité.

2. Toutes ces opérations doivent être faites rapidement car le précipité s'altère au bout de peu de temps.

jet remplie d'acide azotique au 1/5, on dissout le précipité (ce qui se fait facilement grâce au dégagement
d'acide carbonique provenant du carbonate de chaux).

On lave une dernière fois le filtre à l'eau distillée,
on ajoute 5 centimètres cubes d'alun de fer et on
laisse tomber avec la burette de Mohr de la liqueur
de sulfocyanure jusqu'à coloration rose et en agitant
fortement.

Le nombre de centimètres cubes de sulfocyanure
employés, multiplié par $3^{mm},36$, puis par 20, donne
la quantité en milligrammes d'acide urique par litre
d'urine.

Remarques. — Après ingestion d'iodure de potassium ou d'asperges, le dosage est impossible parce
qu'il se forme dans le premier cas un iodure d'argent insoluble dans l'ammoniaque, dans le second
cas un sulfure d'argent dû au méthyl-mercaptan ; il
faut alors avoir recours au procédé en poids qui
consiste à prendre 200 centimètres cubes d'urine
filtrée, ajouter 5 centimètres cubes d'acide chlorhydrique, de laisser reposer 24 heures dans un lieu
frais ; on recueille le précipité, on le lave à l'eau
froide, on le sèche et on le pèse.

Denigès a simplifié le procédé de Deroide et opère
de la façon suivante :

Il précipite l'acide urique, à l'état d'urate argentico-
magnésien, avec une solution titrée de nitrate d'argent
ammoniacal en présence de la liqueur magnésienne,
il filtre et lave le précipité avec l'eau ammoniacale

au 1/10 et dans la liqueur filtrée il dose l'excès d'argent par une liqueur titrée de cyanure de potassium en présence de l'iodure de potassium comme indicateur.

Pathologie. — L'urine normale contient environ $0^{gr}30$ à $0^{gr}50$ par litre, soit de $0^{gr}50$ à $0^{gr}70$ en 24 heures.

L'acide urique augmente dans l'arthritisme, la goutte, le rhumatisme articulaire aigu, dans toutes les affections fébriles lorsqu'il y a complication de phénomènes respiratoires, dans la leucocythémie, la cirrhose du foie et dans certaines affections nerveuses.

L'acide urique diminue dans le diabète sucré, dans l'anémie, la chlorose, la néphrite interstitielle.

3° Créatinine. — On caractérise la créatinine dans l'urine au moyen des réactions suivantes :

L'urine fraîche, traitée par le nitroprussiate de soude, puis par la soude caustique, prend une coloration rouge rubis, ce qui tient à la présence de la créatinine. Une solution alcoolique de chlorure de zinc donne un précipité lourd et cristallin de chlorure double de zinc et de créatinine, ces cristaux en forme d'oursins sont caractéristiques.

Ces réactions qualitatives donnent bien quelques renseignements par la proportion de créatinine que renferme l'urine, mais il vaut mieux faire le dosage du corps en opérant ainsi :

A 300 centimètres cubes d'urine légèrement alcalinisée par un lait de chaux, on ajoute du chlorure de calcium jusqu'à cessation de précipité, on filtre, on acidifie légèrement par l'acide sulfurique et on évapore au bain-marie jusqu'à consistance sirupeuse. Après refroidissement on ajoute de l'alcool fort pour précipiter les sels minéraux ; après 2 jours de contact on filtre ; on réduit au bain-marie jusqu'à 15 centimètres cubes, on ajoute alors 1 centimètre cube environ d'une solution alcoolique de chlorure de zinc d'une densité de 1,2; après 3 jours de repos on recueille le précipité sur un filtre taré, on le lave à l'alcool, le sèche et le pèse.

Le précipité de chlorure double de créatinine et de zinc contient alors 68,44 pour 100 de créatinine.

Ce dosage se fait rarement, car la créatinine n'offre que peu d'intérêt clinique.

Pathologie. — A l'état normal il y a $0^{gr},30$ à 1 gramme de créatinine par litre d'urine, ses variations sont encore peu étudiées, cependant on peut dire que la créatinine augmente dans les maladies aiguës, dans le tétanos, et qu'elle diminue dans l'urémie et dans les maladies accompagnées d'une dénutrition complète.

Nota. — On doit encore citer comme composés azotés les bases xanthiques qui existent en très petite quantité dans l'urine, soit 0,04 par litre ou 0,052 en 24 heures, elles n'offrent aucun intérêt au point de vue clinique.

4° Azote total et coefficient d'oxydation urinaire. — On emploie généralement pour le dosage de l'azote total urinaire deux méthodes qui sont :

1° *Méthode de Kjeldahl avec distillation dans l'appareil de Schlœsing* ; 2° *méthode de Kjeldahl avec dosage de l'ammoniaque produit par l'hypobromite de soude* (cette dernière est excellente lorsqu'on dispose d'un *azotomètre*).

1re *Méthode*. — 5 centimètres cubes d'urine sont placés dans un verre de Bohème conique (fig. 6) et additionnés de 10 centimètres cubes d'un mélange contenant par kilogramme d'acide sulfurique pur 100 grammes d'anhydride phosphorique, on recouvre le goulot du verre d'un entonnoir; on ajoute 0gr,50 de mercure purifié et on chauffe au bain de sable (fig. 7) à une douce ébullition jusqu'à *décoloration complète*. Il arrive fréquemment que certaines urines, contenant des corps difficilement attaqua-

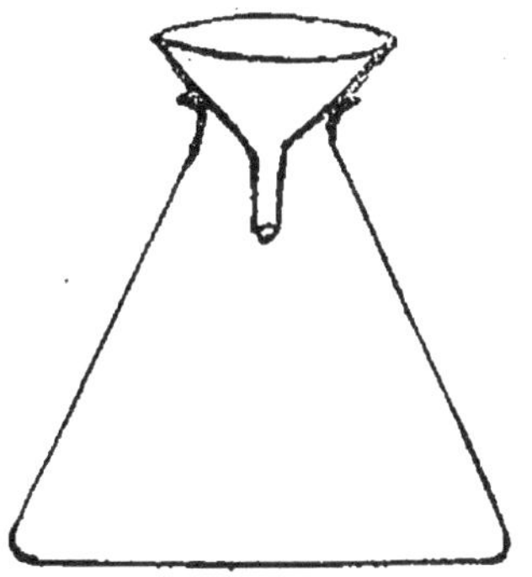

Fig. 6. — Verre de Bohème recouvert d'un entonnoir.

bles tels que les composés du pyrrhol, ne se décolorent que très lentement; dans ces cas, il est bon d'ajouter, sur la fin de l'opération, un peu de permanganate de potasse en poudre; cette addition doit se faire avec précautions afin d'éviter les projections. Après refroidissement on étend la liqueur d'eau distillée, et on transvase dans un ballon de 2 litres, on amène à 3 ou 400 centimètres cubes avec de l'eau distillée, on ajoute 200 centimètres cubes d'une

lessive des savonniers à 36° ou 38° Baumé, bouillie
avec de la baryte caustique, dans la proportion de
100 grammes de baryte pour 1 litre de lessive, puis
10 centimètres cubes d'une solution saturée de mo-
nosulfure de sodium et quelques fragments de zinc
pur pour régulariser l'ébullition ; toutes ces opérations doivent être faites rapidement pour éviter toute

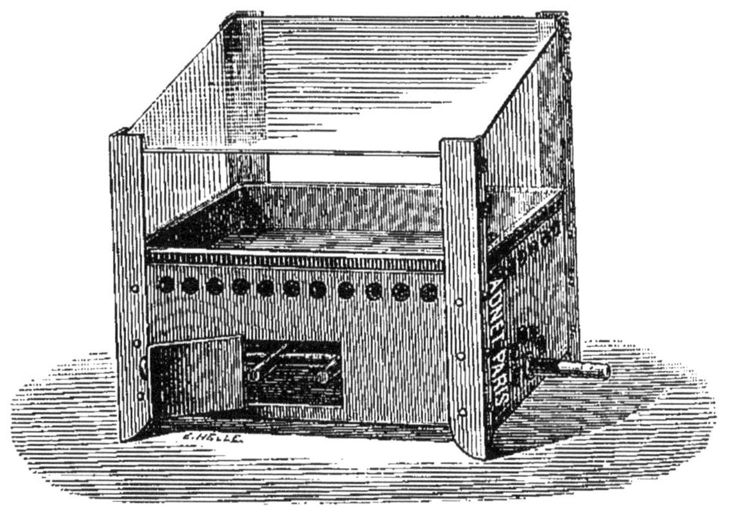

Fig. 7. — Bain de sable.

perte d'ammoniaque ; on adapte ensuite l'appareil
de Schlœsing (fig 8).

Ce dernier n'est qu'un réfrigérant à la fois ascendant et descendant, il se compose d'un tube en étain
pur enroulé en spirale, à la partie supérieure le tube
pénètre dans un manchon vertical où circule
un courant d'eau froide, à la partie inférieure le tube
est relié par un caoutchouc à un tube à boule (pour

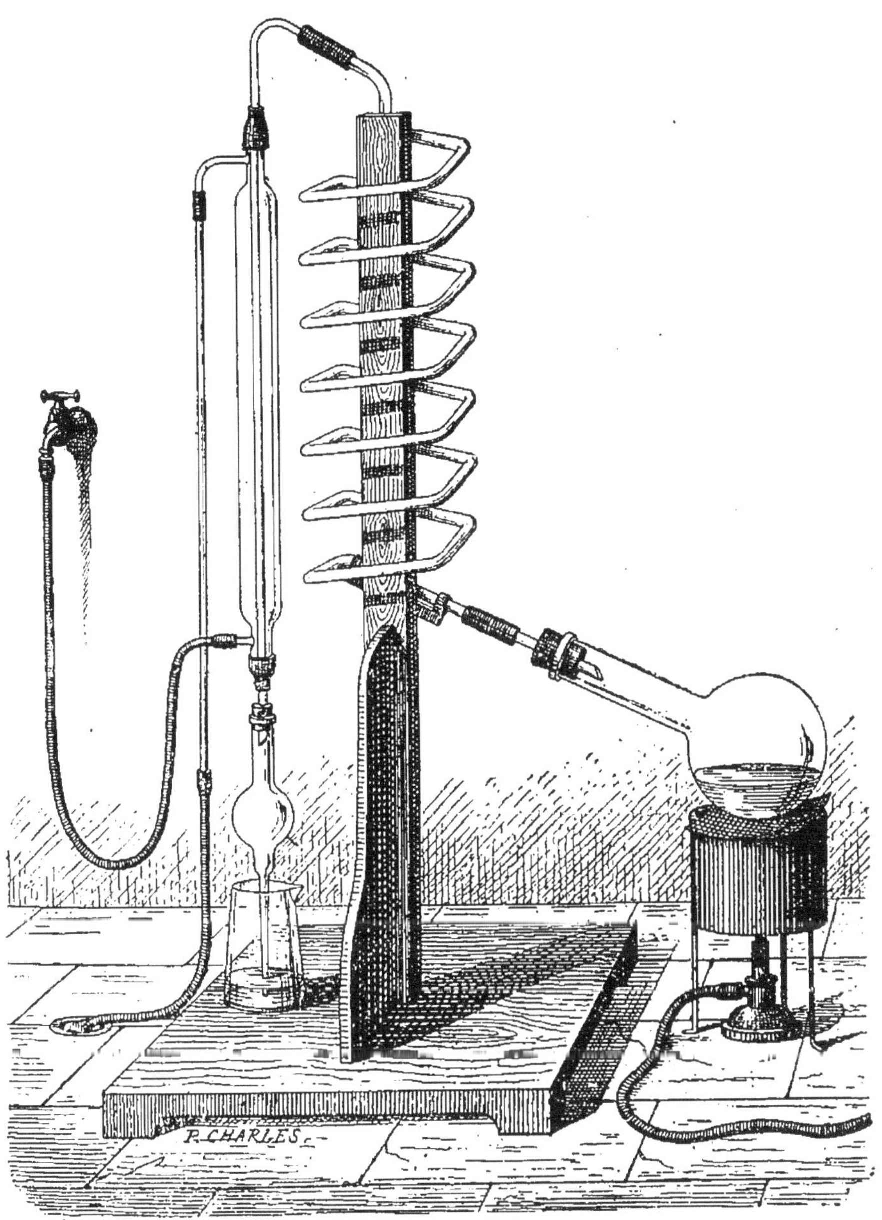

Fig. 8. — Appareil de Schlœsing, pour dosage de l'azote total.

éviter les absorptions). Ce dernier plonge dans un verre de Bohème conique contenant 10 centimètres cubes d'acide sulfurique normal additionné de phtaléine du phénol. L'appareil, étant ainsi disposé, on chauffe le ballon d'abord doucement puis à l'ébullition qu'on maintient jusqu'à ce qu'on ait distillé 100 centimètres cubes de liquide [1], alors on sépare le tube à boule du reste de l'appareil, et on éteint le feu.

On lave le tube à boule à l'eau distillée et on titre l'excès d'acide non employé par la soude normale.

Soit N le nombre de centimètres cubes de soude normale employés, la quantité d'azote par litre d'urine sera donnée par la formule :

$$(10 - N)\,0,014 \times 200.$$

2e *Méthode*. — Beaucoup plus rapide que la première et donne d'aussi bons résultats lors qu'on opère bien.

Elle repose sur ce principe: Si à une solution de sulfate d'ammoniaque on ajoute de l'hypobromite de soude, *tout l'azote* de l'ammoniaque se dégage à l'état gazeux et peut être recueilli. Il suffit donc de transformer tout l'azote urinaire en sulfate d'ammoniaque par le *procédé Kjeldahl*, qu'on modifiera légèrement,

---

1. Si le distillat prenait une teinte rouge, il faudrait ajouter encore 10 centimères cubes d'acide sulfurique normal de façon à saturer complètement l'ammoniaque produit.

car l'emploi du mercure est impossible par ce que ce métal forme avec l'ammoniaque des composés difficilement attaquables par l'hypobromite de soude. Une fois tout l'azote urinaire transformé en sulfate d'ammoniaque, on décomposera ce dernier dans l'*azotomètre* au moyen de l'hypobromite de soude ; voici donc la méthode qu'on devra suivre :

On prend 5 centimètres cubes d'urine qu'on place dans un verre de Bohème de 150 centimètres cubes, on ajoute goutte à goutte et avec beaucoup de précautions 5 centimètres cubes d'acide sulfurique de Nordhausen [1]. On chauffe à feu nu ou mieux au bain de sable, après avoir recouvert le verre de Bohème d'un entonnoir. Lorsque l'eau est à peu près évaporée et que la masse est noire et sirupeuse, on ajoute avec précautions quelques décigrammes de bioxyde de manganèse, on continue à chauffer et de suite le liquide commence à se décolorer, on termine cette opération en ajoutant encore une très petite quantité de bioxyde de manganèse. Lorsque la décoloration est complète [2], on laisse refroidir la liqueur, on étend d'un peu d'eau distillée et on ajoute *avec précautions* de la lessive de soude à

---

1. Avec les urines *sucrées* et *très chargées* il faut employer 10 *centimètres cubes d'acide sulfurique de Nordhausen ;* on doublera également la quantité de lessive de soude.

2. La liqueur a toutefois une teinte légèrement rosée du sulfate de manganèse.

3.

1,33 (10 centimètres cubes environ), de façon que la liqueur reste *acide*, on laisse refroidir et amène exactement au volume de 50 centimètres cubes.

On prend 10 centimètres cubes de ce liquide, qu'on place dans le tube de l'*azotomètre* avec 1 centimètre cube de sirop simple ; on met dans le poudrier 50 centimètres cubes de liqueur d'hypobromite de soude ; on laisse dégager l'azote en opérant comme il a été dit pour l'urée[1].

Lorsque l'équilibre de température est établi, on fait la lecture, on prend la température et on note la pression. Pour connaitre le poids d'azote, il suffit de se servir des tables suivantes qui donnent en *milligrammes le poids d'azote correspondant à 1 centimètre cube de gaz aux différentes températures et pressions.*

Comme on opère sur 1 centimètre cube d'urine, il suffit de multiplier le résultat par 1000 pour connaitre le poids d'azote total par litre d'urine.

Remarque. — Une précaution que je recommande spécialement, c'est l'emploi d'une solution d'hypobromite de soude fortement alcaline ; j'ai du reste l'habitude d'ajouter une certaine quantité de lessive de soude à 1,28 dans le poudrier qui reçoit l'hypobromite de soude ; enfin, il faut éviter que la température de l'hypobromite de soude ne s'élève d'une manière considérable, car on sait qu'à 75° l'hypobromite de soude dégage de l'oxygène, qui, n'étant pas absorbable par la soude, fausserait les résultats.

Tableau indiquant en milligrammes le poids d'un centimètre cube d'azote aux pressions comprises entre 720 et 730 aux températures de 10° à 25°.

TEMPÉRATURES	PRESSIONS					
	720	722	724	726	728	730
10	1,13380	1,13699	1,14078	1,14337	1,14656	1,14975
11	1,12881	1,13199	1,13517	1,13835	1,14053	1,14471
12	1,12376	1,12693	1,13010	1,13326	1,13643	1,13960
13	1,11875	1,12191	1,12506	1,12822	1,13138	1,13454
14	1,11369	1,11684	1,11999	1,12313	1,12628	1,12942
15	1,10859	1,11172	1,11486	1,11799	1,12113	1,12426
16	1,10346	1,10658	1,10971	1,11283	1,11596	1,11908
17	1,09828	1,10139	1,10450	1,10771	1,11073	1,11384
18	1,09304	1,09614	1,09924	1,10234	1,10544	1,10854
19	1,08774	1,09083	1,09392	1,09702	1,10011	1,10320
20	1,08246	1,08554	1,08862	1,09170	1,09478	1,09786
21	1,07708	1,08015	1,08322	1,08629	1,08936	1,09243
22	1,07166	1,07472	1,07778	1,08084	1,08390	1,08696
23	1,06616	1,06921	1,07226	1,07531	1,07836	1,08141
24	1,06061	1,06365	1,06669	1,06973	1,07277	1,07581
25	1,05499	1,05801	1,06104	1,06407	1,06710	1,07013

Tableau indiquant en milligrammes le poids d'un centimètre cube d'azote aux pressions comprises entre 732 et 742 aux températures de 10° à 25°.

TEMPÉRATURES	PRESSIONS					
	732	734	736	738	740	742
10	1,15294	1,15613	1,15932	1,16251	1,16570	1,16889
11	1,14789	1,15107	1,15424	1,15742	1,16060	1,16378
12	1,14277	1,14593	1,14910	1,15227	1,15543	1,15860
13	1,13769	1,14085	1,14401	1,14716	1,15032	1,15348
14	1,13257	1,13572	1,13886	1,14201	1,14515	1,14830
15	1,12739	1,13053	1,13366	1,13680	1,13993	1,14306
16	1,12220	1,12533	1,12845	1,13158	1,13470	1,13782
17	1,11695	1,12006	1,12377	1,12629	1,12940	1,13251
18	1,11165	1,11475	1,11785	1,12095	1,12405	1,12715
19	1,10629	1,10938	1,11248	1,11537	1,11886	1,12175
20	1,10094	1,10402	1,10710	1,11018	1,11327	1,11635
21	1,09550	1,09857	1,10165	1,10472	1,10779	1,11086
22	1,09002	1,09308	1,09614	1,09921	1,10227	1,10533
23	1,08446	1,08751	1,09056	1,09311	1,09766	1,09971
24	1,07885	1,08189	1,08493	1,08796	1,09100	1,09404
25	1,07316	1,07619	1,07922	1,08225	1,08528	1,08831

Tableau indiquant en milligrammes le poids d'un centimètre cube d'azote aux pressions comprises entre 744 et 756 aux températures de 10° à 25°.

TEMPÉRATURES	PRESSIONS						
	744	746	748	750	752	754	756
10	1,17208	1,17527	1,17846	1,18165	1,18484	1,18803	1,19122
11	1,16696	1,17014	1,17332	1,17650	1,17168	1,18286	1,18603
12	1,16177	1,16493	1,16810	1,17127	1,17444	1,17760	1,18077
13	1,15663	1,15979	1,16295	1,16611	1,16926	1,17242	1,17538
14	1,15145	1,15454	1,15744	1,16088	1,16403	1,16718	1,17032
15	1,14620	1,14933	1,15247	1,15560	1,15873	1,16187	1,16500
16	1,14093	1,14407	1,14720	1,15032	1,15344	1,15657	1,15969
17	1,13562	1,13873	1,14185	1,14496	1,14807	1,15118	1,15429
18	1,13025	1,13355	1,13645	1,13955	1,14266	1,14576	1,14886
19	1,12484	1,12794	1,13103	1,13412	1,13721	1,14030	1,14340
20	1,11943	1,12251	1,12559	1,12867	1,13175	1,13483	1,13791
21	1,11393	1,11700	1,12007	1,12314	1,12621	1,12928	1,13236
22	1,10839	1,11145	1,11451	1,11757	1,12063	1,12369	1,12675
23	1,10276	1,10581	1,10886	1,11191	1,11496	1,11801	1,12106
24	1,09708	1,10012	1,10316	1,10620	1,10924	1,11228	1,11532
25	1,09134	1,09437	1,09740	1,10043	1,10346	1,10649	1,10952

Tableau indiquant en milligrammes le poids d'un centimètre cube d'azote aux pressions comprises entre 758 et 770 aux températures de 10° à 25°.

TEMPÉRATURES	PRESSIONS						
	758	760	762	764	766	768	770
10	1,19441	1,19760	1,20079	1,20398	1,20717	1,21036	1,21355
11	1,18921	1,19239	1,19557	1,19875	1,20193	1,20511	1,20829
12	1,18394	1,18710	1,19027	1,19344	1,19660	1,19977	1,20294
13	1,17873	1,18189	1,18505	1,18820	1,19136	1,19452	1,19768
14	1,17347	1,17661	1,17976	1,18291	1,18605	1,18920	1,19234
15	1,16814	1,17127	1,17440	1,17754	1,18067	1,18381	1,18694
16	1,16282	1,16594	1,16906	1,17219	1,17531	1,17844	1,18156
17	1,15741	1,16052	1,16363	1,16674	1,16985	1,17297	1,17608
18	1,15196	1,15506	1,15816	1,16126	1,16436	1,16746	1,17056
19	1,14649	1,14958	1,15267	1,15576	1,15886	1,16195	1,16504
20	1,14099	1,14408	1,14716	1,15024	1,15332	1,15640	1,15948
21	1,13543	1,13850	1,14457	1,14464	1,14771	1,15078	1,15385
22	1,12982	1,13288	1,13594	1,13900	1,14206	1,14512	1,14818
23	1,12411	1,12716	1,13021	1,13326	1,13631	1,13936	1,14241
24	1,11835	1,12139	1,12443	1,12747	1,13051	1,13555	1,13659
25	1,11255	1,11558	1,11861	1,12164	1,12467	1,12770	1,13073

Coefficient d'oxydation urinaire. — On donne
le nom de *coefficient d'oxydation urinaire* au rapport de l'azote uréique à l'azote total; on obtient le
poids de l'azote uréique en multipliant le poids de
l'urée par 0,466. Il est certain que, si la détermination de l'azote total et de l'azote uréique sont justes,
le coefficient sera exact; et il est facile de se convaincre que, si l'on obtient l'azote total avec une
grande précision par la méthode de Kjeldhal, il
n'en est pas de même de l'azote uréique sur lequel
on peut faire des erreurs assez considérables.

J'opère dans les mèmes conditions et de la manière suivante : d'abord je détermine le coefficient
d'oxydation non pas en faisant le rapport du poids
de l'azote uréique au poids de l'azote total, mais en
faisant le rapport du *volume de l'azote uréique au
volume de l'azote total,* ces deux volumes étant pris
dans les mèmes conditions de *température* et de
pression.

L'azote uréique est dosé par la méthode donnée
page 31, en employant l'acide phospho-tungstique et
l'azotomètre.

L'azote total est dosé par la méthode donnée ci-
dessus, au moyen de *l'azotomètre* et de l'hypobromite de soude en opérant sur 1 centimètre cube
d'urine traitée par l'acide sulfurique et le bioxyde
de mangagèse (page 44).

Les deux dosages *doivent être faits au même moment* de façon que les *conditions de température*

et de pression ne varient pas; on a ainsi l'azote renfermé dans l'urée de 1 centimètre cube d'urine, et l'azote total de 1 centimètre cube d'urine; on fait subir à ces deux nombres une légère correction pour l'azote qui reste dissous dans l'hypobromite de soude.

On trouvera dans le tableau ci contre les quantités d'azote absorbé par l'hypobromite de soude, ces nombres doivent être ajoutés au volume d'azote trouvé. (Lorsqu'on doit calculer le poids d'urée ou bien le poids de l'azote total en se servant des tables placées plus haut, ne pas faire cette correction.)

Diviser le volume d'azote uréique par le volume d'azote total pour obtenir le coefficient d'oxydation.

Je suppose qu'en dosant l'urée par l'hypobromite de soude sur un centimètre cube d'urine traitée par l'acide phospho-tungstique (comme il est dit page 31), on obtienne 7 centimètres cubes d'azote par exemple, or, en cherchant dans la table ci-dessous, on voit que, pour 7 centimètres cubes d'azote dégagé, il y a 0^{cc},21 d'azote absorbé par la solution d'hypobromite de soude ; en réalité, l'azote correspondant à l'urée de l'urine est donc 7^{cc},21 ; d'un autre côté on trouve pour l'azote total dosé sur un centimètre cube d'urine traitée par le bioxyde de manganèse et l'acide sulfurique, 8 centimètres cubes auxquels il faut ajouter 0^{cc},23 pour tenir compte de l'absorption de l'azote par l'hypobromite de soude ; le coefficient d'oxydation sera donc obtenu en divisant 7,21 par 8,23 soit 0,87.

Tableau donnant pour les volumes de 1 à 50^{cc} la quantité d'azote absorbé par 60^{cc} de liquide (50^{cc} d'hypobromite de soude et 10^{cc} d'eau).

DÉGAGÉ	ABSORBÉ	DÉGAGÉ	ABSORBÉ	DÉGAGÉ	ABSORBÉ
1	0,06	18	0,48	35	0,91
2	0.08	19	0,51	36	0,93
3	0,11	20	0,53	37	0,96
4	0,13	21	0,56	38	0,98
5	0,16	22	0,58	39	1,01
6	0,18	23	0,61	40	1,03
7	0,21	24	0,63	41	1,06
8	0,23	25	0,66	42	1,08
9	0,26	26	0,68	43	1,11
10	0,28	27	0,71	44	1,13
11	0,31	28	0,73	45	1,16
12	0,33	29	0,76	46	1,18
13	0,36	30	0,78	47	1,21
14	0,38	31	0,81	48	1,23
15	0,41	32	0,83	49	1,26
16	0,43	33	0,86	50	1,28
17	0,46	34	0,88		

Cette méthode est très simple, comme on peut s'en rendre compte facilement, et il est regrettable qu'elle ne soit pas plus fréquemment employée.

Ce n'est qu'en opérant comme je viens de le dire qu'on aura des coefficients d'oxydation dont on peut tirer quelques renseignements au point de vue clinique.

Pathologie. — L'homme sain excrète en moyenne par jour 6 à 12 grammes d'azote total, soit en 24 heures de 10 à 18 grammes; les variations suivent généralement celles de l'urée; mais il n'en est pas de même du coefficient d'oxydation urinaire; ce dernier chez le sujet sain est compris entre 0,79 et 0,90, mais il s'abaisse dans la lièvre typhoïde, dans l'alcoolisme, etc., et enfin dans toutes les maladies où les oxydations sont diminuées; le travail musculaire l'élève, mais au contraire la fatigue l'abaisse.

5° **Azote des composés xanthiques**. — L'azote des composés xanthiques représente l'azote de l'acide urique, xanthine, guanine, etc; pour le doser on suit le procédé suivant : 50 centimètres cubes d'urine filtrée[1] sont additionnés de 20 centimètres cubes environ d'une solution de sulfate de cuivre à 10 pour 100, puis de bisulfite de soude, tous les composés xanthiques se précipitent à l'état des sels cui-

---

1. Si l'urine contient de l'albumine, on doit l'en débarrasser par coagulation à chaud en présence de l'acide acétique.

vreux insolubles, on recueille le précipité ainsi formé sur un filtre, on le lave à l'eau distillée froide, on le laisse parfaitement égoutter, puis on l'introduit avec le filtre dans un verre de Bohème conique et verse par-dessus 20 centimètres cubes d'acide sulfurique additionné d'anhydride phosphorique.

Enfin on ajoute un globule de mercure, chauffé jusqu'à décoloration complète[1], on distille dans l'appareil de Schlœsing et termine comme il est dit pour l'azote total (page 41).

Pathologie. — L'homme élimine par litre environ $0^{gr},10$ à $0^{gr},30$ d'azote à l'état de composés xanthiques.

Ses variations sont peu connues, on sait seulement que ce nombre s'élève dans la leucocythémie.

§ 5. — DOSAGE DES ÉLÉMENTS NORMAUX MINÉRAUX

1° Chlorures. — Parmi les méthodes employées pour le dosage des chlorures je n'en citerai que deux.

1re *méthode*. — Cette méthode donne de très bons résultats, mais elle a l'inconvénient d'être un peu longue.

Elle nécessite l'emploi des liqueurs titrées suivantes :

1. La liqueur reste toujours un peu bleue à cause du sulfate de cuivre.

Solution déci-normale d'azotate d'argent obtenue en dissolvant 17 grammes d'azotate d'argent pur et sec dans 1 litre d'eau distillée.

Solution de chromate jaune de potasse à 10 *pour* 100.

On prend 10 centimètres cubes d'urine et on ajoute 1 gramme environ d'azotate de chaux[1] (bien exempt de chlorure) on dessèche le tout au bain-marie dans une capsule de platine[2].

On calcine *avec précautions* et sans dépasser le rouge sombre (car les chlorures sont volatils à une température plus élevée), après refroidissement on reprend par l'eau distillée bouillante à plusieurs reprises et on filtre. On ajoute au filtratum de l'acide azotique goutte à goutte et en léger excès pour décomposer les carbonates, on sature l'acide libre par du carbonate de chaux, bien exempt de chlorure, on ajoute une goutte de la solution de chromate jaune de potasse, et avec la burette de Mohr, on laisse tomber de la solution normale décime d'azotate d'argent jusqu'à ce qu'on obtienne un précipité rouge dû au chromate d'argent en ayant soin d'agiter fortement.

Soit N le nombre de centimètres cubes de liqueur argentique employés, la quantité de chlore contenu dans 1 litre d'urine sera donné par la formule :

$$N \times 0,00355 \times 100.$$

1. L'azotate de chaux rend les phosphates insolubles.
2. On peut se servir d'une capsule de porcelaine.

Pour connaître la quantité correspondante en chlorure de sodium il suffit de remplacer le facteur 0,00355 par 0,00585.

Dans la pratique on peut se servir de la méthode suivante qui donne des résultats assez satisfaisants.

2e méthode. — Voici le principe de cette méthode : on précipite directement dans l'urine fortement acidulée par l'acide azotique. tout le chlore par un excès de solution argentique titrée, et on détermine l'excès d'argent non employé par un titrage au sulfocyanure de potassium.

On emploie les solutions suivantes :

Solution normale décime d'azotate d'argent préparée comme il est dit ci-dessus.

Solution normale décime de sulfocyanure de potassium obtenue en dissolvant 8 grammes environ de sulfocyanure de potassium dans 1 litre d'eau distillée (cette solution doit être titrée comme on le verra plus bas).

Solution d'alun de fer ammoniacal au 1/5.

Acide azotique pur et exempt de vapeurs nitreuses.

Fixation du titre de la solution de sulfocyanure de potassium. — Dans un verre à pied de 250 centimètres cubes, on place 10 centimètres cubes de solution argentique, 100 centimètres cubes d'eau distillée, 2 centimètres cubes environ d'acide azotique et 3 à 4 centimètres cubes de la solution d'alun de fer, on laisse tomber avec une

burette de Mohr de la solution de sulfocyanure
à titrer jusqu'à ce qu'on obtienne une teinte rougeâtre, il faut avoir soin d'*agiter fortement ;* si
la solution est juste on devra employer 10 centimètres cubes de sulfocyanure pour précipiter tout
l'argent des 10 centimètres cubes de liqueur argentique ; comme il est rare que la liqueur soit juste, il
peut se présenter deux cas : ou la liqueur est trop
forte ou elle est trop faible.

1ᵉʳ *Cas. La liqueur est trop forte.* — Je suppose
qu'il a fallu 8 centimètres cubes de sulfocyanure
pour saturer les 10 centimètres cubes de liqueur argentique, donc la quantité d'eau à ajouter par litre
de liqueur de sulfocyanure sera donnée par la formule :

$$(10 - 8) \times 100.$$

2ᵉ *Cas. La liqueur est trop faible.* — Je suppose
qu'on a employé 12 centimètres cubes de sulfocyanure pour précipiter tout l'argent de 10 centimètres
cubes de liqueur argentique, la quantité de sulfocyanure à ajouter par litre de solution sera donnée par
la formule :

$$\frac{8 \times (12 - 10)\,100}{1000}$$

Dans tous les cas il est nécessaire de faire un nouveau titrage après avoir corrigé la liqueur, de façon à être sûr que les deux liqueurs sont bien ajus-
tées.

Application à l'urine. — On prend 10 centimètres cubes d'urine qu'on place dans un verre à pied de 250 centimètres cubes, on ajoute 100 centimètres cubes d'eau distillée, 3 ou 4 centimètres cubes d'acide azotique et 20 centimètres cubes de solution argentique déci-normale[1], on agite fortement et on ajoute 3 à 4 centimètres cubes de solution d'alun de fer; avec la burette de Mohr on laisse tomber du sulfocyanure de potassium jusqu'à ce qu'on obtienne une teinte rouge, on a soin d'agiter fortement.

Si l'on a employé N centimètres cubes de sulfocyanure, la quantité de chlore par litre d'urine sera donnée par la formule :

$$(20 - N) \times 0,00355 \times 100.$$

Pour obtenir la quantité correspondante en chlorure de sodium il suffira de remplacer le facteur 0,00355 par 0,00585.

Il est naturel que, si on a employé 10 centimètres cubes de liqueur argentique au lieu de 20 centimètres cubes, on remplacera 20 par 10 dans la formule ci-dessus.

Urines contenant des bromures et iodures. — Les bromure et iodure de potassium passent facilement dans les urines, et dès lors le dosage du chlore dans de telles urines ne peut se faire par les deux

---

1. Si l'urine contient peu de chlore, 10 centimètres cubes suffisent.

procédés donnés ci-dessus, il est de toute nécessité d'avoir recours à la méthode suivante : on prend 10 centimètres cubes d'urine, on ajoute une solution de sulfate de cuivre à 10 pour 100 et on fait passer un courant d'acide sulfureux, il se forme un précipité blanc grisâtre de bromure et iodure cuivreux, qu'on sépare par filtration et qu'on lave à l'eau distillée. Le filtratum est porté à l'ébullition pour chasser l'acide sulfureux et acidulé par l'acide azotique, puis on précipite le chlore par de l'azotate d'argent, on recueille le précipité, le lave, le sèche et le calcine. Le poids du précipité multiplié par 0,247 donne le chlore ; pour avoir en chlorure de sodium, au lieu de multplier par 0,247 on multiplie par 0,407.

Pathologie. — L'urine contient normalement par litre 6 grammes à 10 grammes de chlore, soit en 24 heures 10 grammes à 12 grammes ; chez l'individu sain il existe d'après Poehl un rapport constant entre l'excrétion de l'urée et celle du chlore, ce rapport voisin de 1/2 est sujet à des variations énormes, à cause de l'alimentation et des différents états pathologiques.

Le chlore urinaire diminue dans les maladies fébriles aiguës (fièvre typhoïde, scarlatine, variole, pneumonie, pleurésie), dans les diarrhées (choléra), dans les affections rénales accompagnées d'albuminurie.

Le chlore augmente dans le diabète insipide, dans les maladies chroniques, après la résorption de liquides ascitiques ou autres.

2º **Phosphates.** — On a généralement recours à la méthode volumétrique pour le dosage des phosphates dans l'urine, elle repose sur la précipitation des phosphates en liqueur acétique à l'état de phosphate d'urane, la fin de la réaction est indiquée au touchau à l'aide d'une solution de ferrocyanure de potassium qui donne avec les sels d'urane un ferrocyanure d'urane de couleur rouge.

On emploie les liqueurs suivantes :

Solution d'acétate d'urane ainsi préparée : on dissout dans 800 centimètres cubes d'eau distillée 40 grammes d'azotate d'urane, on ajoute de l'ammoniaque goutte à goutte jusqu'à trouble persistant, puis de l'acide acétique pour dissoudre, on complète à 1000 centimètres cubes, on laisse reposer 7 à 8 jours et on filtre au papier (cette liqueur ainsi préparée se conserve longtemps sans altération mais elle doit être titrée).

Solution d'acétate de soude acétique obtenue en dissolvant dans 800 centimètres cubes d'eau distillée 100 grammes d'acétate de soude, ajoutant 50 grammes d'acide acétique et complétant à 1000 centimètres cubes.

Solution concentrée de ferrocyanure de potassium.

Titrage de la liqueur d'urane. — On prépare une solution de biphosphate d'ammoniaque en dissolvant dans un litre d'eau distillée : 3^{gr},087 de biphosphate d'ammoniaque pur, cristallisé et séché à 100°[1] : 50 centimètres cubes de cette solution contiennent 0^{gr},10 de $P^2 O^5$.

On prend alors 50 centimètres cubes de cette solution qu'on place dans une capsule de porcelaine de 125 centimètres cubes, on ajoute 5 centimètres cubes de la liqueur d'acétate de soude acétique[2], on porte à l'ébullition et tout en maintenant cette dernière on laisse tomber goutte à goutte avec une burette de Mohr de la liqueur d'urane, jusqu'à ce qu'une goutte du liquide, déposée sur une assiette ou une plaque de porcelaine, donne au contact d'une goutte de ferrocyanure de potassium, une coloration rouge (cette opération se fait par tâtonnements).

Il faut faire au moins deux opérations et du nombre de centimètres cubes de liqueur employés, on déduit le titre de la liqueur, en effet soit N ce nombre, le titre de la liqueur d'urane par centimètre cube sera donné par la formule

$$\frac{0^{gr},10}{N}$$

On ne corrige pas la liqueur généralement et on se contente d'inscrire son titre sur le flacon.

---

1. On peut se servir de phosphate de soude, dans ce cas on pèserait 10^{gr},086 de phosphate dissodique en cristaux non effleuris ; je préfère le biphosphate d'ammoniaque.
2. L'addition d'acétate de soude acétique a pour but d'obtenir un précipité de phosphate d'urane d'une composition constante.

Application à l'urine. — Si l'urine était alcaline et qu'on ait constaté un dépôt de phosphates, il serait nécessaire de l'agiter vivement et de l'additionner de quelques gouttes d'acide acétique pour dissoudre le dépôt, car on doit toujours doser l'acide phosphorique total.

On place dans une capsule de porcelaine de 125 centimètres cubes 50 centimètres cubes d'urine et 5 centimètres cubes d'acétate de soude acétique, on porte à l'ébullition et laisse tomber avec la burette de Mohr de la liqueur d'urane et tout en maintenant l'ébullition jusqu'à ce qu'une goutte de liquide prélevée avec un agitateur donne une coloration rouge avec le ferrocyanure de potassium.

Soit N le nombre de centimètres cubes de liqueur d'urane employés et n le titre de la liqueur, la quantité de phosphates contenus dans 1 litre d'urine et exprimés en *acide phosphorique anhydre* sera donnée par la formule suivante :

$$N \times n \times 20.$$

Pour avoir le résultat en phosphate tricalcique, il suffit de multiplier ce dernier par 2,18.

Remarques. — On a employé avec succès de la teinture de cochenille comme réactif indicateur, cette dernière passe au vert, lorsque tous les phosphates sont précipités, mais on ne peut pas s'en servir avec les urines très colorées.

Si l'urine est albumineuse, il suffit de maintenir

le liquide quelques instants à l'ébullition pour coaguler cette dernière et on peut alors faire le dosage comme à l'ordinaire.

On a quelquefois séparé les phosphates alcalins des phosphates terreux, cette séparation, quoique n'ayant que peu de valeur en clinique, se fait facilement en opérant ainsi :

On précipite par l'ammoniaque 50 centimètres cubes d'urine, après un repos suffisant on recueille sur un filtre le précipité formé, on le lave à l'eau ammoniacale au 1/10, et dans la liqueur filtrée légèrement acidulée par l'acide acétique on dose les *phosphates alcalins* par l'urane ; quant au précipité, il est dissous dans l'acide acétique dilué et on y dose par l'urane les *phosphates terreux :* le rapport entre ces deux phosphates est de : 2 parties phosphates alcalins pour 1 partie phosphates terreux.

Quand on veut doser les phosphates neutres et alcalins pour la détermination du *coefficient de Zerner*[1], on dose l'acide phosphorique total, puis on précipite les phosphates neutres par le chlorure de baryum, on filtre, et on dose l'acide phosphorique, la différence entre l'acide phosphorique total et le dernier nombre donne l'acide phosphorique des *phosphates neutres et alcalins.*

Pathologie. — L'homme sain élimine par litre 1^{gr},50 à 2 grammes, ou en 24 heures 2^{gr},50 à 3^{gr},10

---

1. Voir plus bas les variations du *coefficient de Zerner*.

de phosphates exprimés en acide phosphorique anhydre ; Zuëlzer a dit qu'il existe un rapport entre l'acide phosphorique éliminé et l'azote total ; ce rapport quoique peu constant, à cause de l'alimentation, serait comme 17 ou 20 est à 100.

Les variations de l'acide phosphorique peuvent se résumer ainsi :

Il y a augmentation d'acide phosphorique dans les 24 heures, dans le diabète sucré, dans la phosphaturie, la leucémie, la convalescence des maladies fébriles, et dans certaines maladies nerveuses. Certains médicaments agissent dans le même sens, tels que le sulfate de soude, l'alcool, l'acide salicylique, etc.

Il y a diminution de l'acide phosphorique dans les maladies du système osseux, dans certaines maladies du cerveau, dans l'arthritisme, dans les maladies rénales, dans les maladies infectieuses, dans la grossesse, dans la maladie d'Addison.

Les bicarbonates de chaux et de magnésie, les citrate et chlorure potassiques, la cocaïne produisent le même effet.

On donne le nom de coefficient de Zerner au rapport de l'acide urique à l'acide phosphorique des phosphates neutres et alcalins. Ce rapport oscille entre 0,20 et 0,35 ; c'est au moyen de ce rapport que l'on peut démontrer les conditions de formation du sédiment urique ; car dans la diathèse urique l'excrétion de l'acide urique devient énorme tandis que les phosphates alcalins ne varient pas, et alors le

coefficient de Zerner est très élevé. Le sédiment
d'acide urique ne se formera jamais lorsque le coefficient est inférieur à 0,40.

On peut d'après Poehl diagnostiquer une diathèse urique avant l'apparition des symptômes.

3° Sulfates. — Le soufre existe dans les urines sous trois états : 1° *Soufre à l'état de sulfates alcalins ; 2° Soufre à l'état d'éthers sulfuriques ; 3° Soufre à l'état de corps sulfurés difficilement oxydables* (Lépine et Guérin) ; quoique dans la pratique on se contente généralement de doser le soufre total, je donnerai néanmoins les procédés qui permettent d'obtenir le soufre sous ses trois états.

Soufre total. — 50 centimètres cubes d'urine sont évaporés à sec en présence de 5 grammes d'azotate de potasse, on calcine au rouge sombre et reprend par l'eau bouillante aiguisée d'acide azotique, on filtre et précipite l'acide sulfurique par le chlorure de baryum à chaud ; le précipité recueilli, lavé et séché, est calciné et on pèse le sulfate de baryte obtenu, ce poids multiplié par 0,420 puis par 20 donne le soufre total exprimé en acide sulfurique (SO^4H^2).

Soufre des sulfates. — 100 centimètres cubes d'urine acidulés par l'acide chlorhydrique, sont traités à chaud par le chlorure de baryum en excès, le précipité de sulfate de baryte est recueilli et pesé comme ci-dessus.

Soufre à l'état d'éthers sulfuriques. — Le filtratum précédent est additionné d'acide chlorhydrique

et d'eau bromée, on chauffe à l'ébullition au réfrigérant ascendant jusqu'à ce que la liqueur soit décolorée, il se produit un précipité blanc de sulfate de
baryte (à cause de l'excès de chlorure de baryum),
le précipité est recueilli et traité comme ci-dessus.

Soufre difficilement oxydable. — On le retrouve
par différence entre le soufre total et la somme
réprésentant le soufre des sulfates et le soufre à
l'état d'éthers sulfuriques.

Pathologie. — A l'état normal la quantité de soufre des sulfates exprimé en acide sulfurique, est de
2^{gr},87 en moyenne en 24 heures.

L'acide sulfurique augmente dans les affections
chroniques, le diabète sucré, le diabète insipide,
dans les maladies fébriles aiguës.

L'acide sulfurique diminue dans les maladies chroniques du rein.

4° Oxalates. — On acidule légèrement l'urine
par l'acide chlorhydrique pour dissoudre le dépôt
d'oxalate de chaux qui aurait pu se former et on filtre.

On prend 100 centimètres cubes de la liqueur filtrée, qu'on alcalinise par de l'ammoniaque, on ajoute
une solution de chlorure de calcium à 10 pour 100,
on acidule fortement par l'acide acétique et on laisse
reposer 24 heures dans un endroit frais ; au bout de
ce temps, on recueille le précipité cristallin d'oxalate de chaux, on le lave à l'eau distillée, on sèche
et calcine avec précaution sans dépasser le rouge
sombre, on humecte le résidu avec du carbonate

d'ammoniaque, sèche, calcine très légèrement et on pèse. Le poids de carbonate de chaux multiplié par 1,08 donne le poids d'acide oxalique dans 100 centimètres cubes d'urine.

Pathologie. — L'homme sain élimine en 24 heures $0^{gr},020$ d'acide oxalique ; mais cette quantité augmente considérablement à la suite de l'ingestion de fruits, d'épinards et d'une grande quantité de sucre.

Dans certains cas pathologiques la proportion d'acide oxalique devient considérable et constitue l'oxalurie.

5° Ammoniaque. — 25 centimètres cubes d'urine sont placés dans un petit cristallisoir, reposant au moyen d'un triangle en verre sur une autre cristallisoir contenant 25 centimètres cubes de SO^4H^2 N/10 ; le tout est déposé sur une plaque de verre dépolie et on recouvre d'une cloche suiffée et dont la douille laisse passer un tube à entonnoir débouchant à quelques centimètres de la surface de l'urine ; on a soin de coller sur les parois intérieures de la cloche une bande de papier de phtaléine humide ; tout étant ainsi disposé, on introduit dans le tube à entonnoir une solution concentrée de potasse caustique et on la laisse tomber doucement dans l'urine ; au bout de 24 heures tout l'ammoniaque est dégagé ; car le papier de phtaléine, qui était rouge au début, est devenu blanc ; il suffit alors de titrer par la soude N/10 l'excès d'acide sulfurique qui n'a pas été saturé par l'ammoniaque de l'urine.

Le poids d'ammoniaque, contenu dans l'urine, sera donné par la formule : $(25 - N) \times 0,0017 \times 40$ (N étant le nombre de centimètres cubes de soude N/10 employés).

Pathologie. — A l'état normal il existe dans l'urine de 0,30 à 1,2 d'ammoniaque en 24 heures.

La proportion d'ammoniaque augmente dans le diabète sucré (régime carné), les maladies fébriles aiguës et la cirrhose.

L'ammoniaque diminue dans certaines néphrites.

6° Potasse. — On dose la potasse dans l'urine en suivant le procédé suivant : on évapore au bain-marie 50 centimètres cubes d'urine, on carbonise au rouge sombre jusqu'à ce qu'il ne reste plus qu'un charbon noir et léger qu'on épuise à plusieurs reprises par l'eau distillée bouillante aiguisée d'acide azotique ; on filtre et alcalinise par l'ammoniaque, on ajoute ensuite goutte à goutte un mélange à parties égales d'eau de baryte et de solution saturée de chlorure de baryum jusqu'à ce qu'il ne se forme plus de précipité ; on élimine l'excès de baryte par quelques gouttes de carbonate d'ammoniaque, on laisse reposer, filtre et lave le précipité à l'eau bouillante. On évapore tous les filtratums à quelques centimètres cubes, qu'on transvase dans un verre de Bohème conique ; on ajoute 10 centimètres cubes d'eau régale contenant 1/4 d'HCl (pour détruire les sels ammoniacaux), on recouvre d'un entonnoir et chauffe au bain de sable.

Lorsque tout dégagement gazeux a cessé, on ajoute 10 centimètres cubes du même acide, et on chauffe; souvent il faut faire une troisième addition d'eau régale ; en tout cas on doit s'arrêter lorsque tout dégagement gazeux a cessé.

Finalement on transvase le liquide dans une petite capsule de porcelaine, évapore à sec et reprend par 10 centimètres cubes d'acide azotique; on évapore à sec et ajoute 10 centimètres cubes d'une solution d'acide perchlorique à 1,30 de densité, on évapore à sec. On épuise le résidu cristallin par de l'alcool saturé de perchlorate de potasse, on décante l'alcool sur un petit filtre ; après 4 à 5 traitements on a enlevé la totalité du perchlorate de soude, on dissout le perchlorate de potasse resté sur le filtre dans un peu d'eau bouillante, on recueille le filtratum dans la capsule, on dessèche et chauffe à 120° pour chasser les dernières traces d'acide perchlorique et on pèse. Soit N le poids trouvé, la quantité de potasse exprimée en K^2O contenue dans un litre d'urine, sera donnée par la formule : $N \times 0,339 \times 20$.

Pathologie. — Les variations de la potasse ont été étudiées dans l'urémie et certaines intoxications, où cette base augmente ; à l'état normal l'urine en contient 2 à 4 grammes.

7° Chaux. — On prend 100 centimètres cubes d'urine qu'on évapore à sec, on carbonise avec précautions de façon à obtenir un charbon bien poreux, qu'on épuise par l'eau distillée bouillante, on le recueille sur un filtre, sèche et le calcine ; on réunit les eaux de lavages aux cendres du charbon et acidule franchement par l'acide chlorhydrique. On alcalinise par l'ammoniaque et acidule par l'acide acétique, on filtre. Le filtratum est porté à l'ébullition et additionné d'oxalate d'ammoniaque, on recueille sur un filtre le précipité d'oxalate de chaux et lave à l'eau bouillante, sèche et calcine dans un creuset de platine. On humecte le précipité avec un peu d'acide sulfurique, et calcine de nouveau et pèse la chaux à l'état de sulfate de chaux.

Le poids de sulfate de chaux multiplié par 0,411 et par 10. donne la chaux par litre d'urine.

Pathologie. — L'homme excrète par litre d'urine 0,10 à 0,18 de chaux ; les variations ne sont pas très bien étudiées.

FER, MAGNÉSIE ET SOUDE. — Ces bases n'offrant aucun intérêt ne sont pas dosées généralement.

§ 6. — RECHERCHE & DOSAGE DES ÉLÉMENTS ANORMAUX

1° Albumine. — Les urines pathologiques peuvent contenir différentes matières albuminoïdes dont les principales sont la sérine, la globuline, les acide-albumines, les alcali-albumines, les peptones, etc.

Mais en pratique on a réservé le mot *albumine* à deux matières albuminoïdes qui existent dans le sérum sanguin et qui passent dans l'urine, la *sérine* et la *globuline*. Cette dernière existe généralement en petite quantité.

Donc, toutes les fois qu'on parlera d'albumine dans l'urine, il faudra penser à la sérine et globuline.

La séparation de ces deux matières albuminoïdes se fait rarement, parce qu'on ne sait pas exactement quelle est la lésion qui fait passer l'une ou l'autre dans l'urine ; néanmoins je donnerai les procédés de séparation de ces albumines.

Recherche qualitative. — 1° Dans un verre à pied contenant 15 à 20 centimètres cubes d'urine on laisse tomber doucement de l'acide azotique avec une pipette qu'on a soin d'amener au fond du verre ; en agissant avec précautions les deux liquides ne se mélangent pas et on peut examiner la zone de séparation ; il est bon d'attendre quelques instants 5 minutes environ ; s'il s'est formé à la surface de séparation des deux liquides un anneau blanc plus ou moins opaque et large et n'ayant aucun aspect cristallin, c'est de l'*albumine* ; si l'anneau est formé de cristaux plus ou moins volumineux, on a affaire à des cristaux d'azotate d'urée, ils gagnent rapidement le fond du verre.

Si l'anneau, au lieu de se former à la surface de séparation des deux liquides, se forme à $0^m,01$ environ dans la couche d'urine, il est constitué par de l'acide urique.

En tout cas, il ne faut pas tenir compte des

anneaux plus ou moins colorés qui se forment au voisinage de la zone de séparation, ils n'ont aucun rapport avec l'albumine.

Enfin il arrive souvent que des urines précipitent à froid par l'acide acétique, ce qui est dû à des médicaments ou à de la mucine, il est nécessaire de les filtrer après les avoir acidulées par ce dernier acide, avant de faire la réaction par l'acide azotique.

2º 2 volumes d'urine filtrée sont additionnés de 1 volume d'une solution saturée de sulfate de soude, on acidule par une goutte d'acide acétique et on chauffe la partie supérieure du tube, la présence de l'albumine donne un louche dans la partie chauffée ; ce trouble se distingue facilement du reste du liquide (très bonne réaction) (fig. 9).

3º A 10 centimètres cubes d'urine environ bien limpide on ajoute XV gouttes d'acide acétique et X d'une solution concentrée de ferrocyanure de potassium ; il se forme immédiatement un précipité en présence de l'albumine.

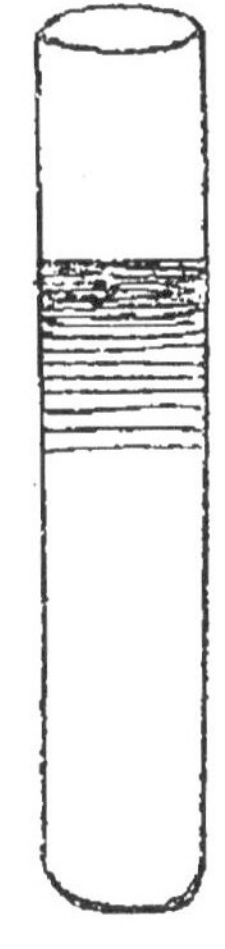

Fig. 9.
Tube renfermant de l'urine albumineuse dont la partie supérieure a été chauffée.

4º L'urine acidulée par une goutte d'acide azotique donne à l'ébullition un trouble si elle contient de l'albumine.

5º Le réactif d'Esbach précipite très bien l'albumine, on le prépare en dissolvant dans un litre d'eau distillée : 20 grammes d'acide citrique et 10 grammes acide picrique, il suffit de mélanger 1 volume d'urine avec 2 volumes de réactif; les peptones précipitent également, mais le précipité est soluble à chaud.

6° La *réaction de Spiegdeer* est également très sensible; on prépare une solution contenant pour 100 centimètres cubes d'eau distillée 8 grammes de bichlorure de mercure, 4 grammes d'acide tartrique et 20 grammes de sucre; quelques centimètres cubes de ce réactif sont additionnés, avec soin et sans mélanger d'urine acidulée par une goutte d'acide chlorhydrique et filtrée; en présence de l'albumine il se forme à la zone de séparation un anneau opaque.

7° Le *réactif de Tanret* est un des plus sensibles, on le prépare en dissolvant d'une part $3^{gr},32$ d'iodure de potassium dans un peu d'eau distillée, d'autre part on fait dissoudre dans un peu d'eau bouillante $1^{gr},35$ de bichlorure de mercure; on verse lentement la solution d'iodure dans la solution de bichlorure et on agite jusqu'à disparition du précipité rouge, on ajoute alors de l'eau distillée pour faire 80 centimètres cubes après refroidissement, puis 20 centimètres cubes d'acide acétique, on mélange et filtre.

Ce réactif précipite à froid les albumines, les peptones et les alcaloïdes, mais les précipités de peptone ou d'alcaloïde sont solubles à chaud.

Dosage de l'albumine. — Parmi les nombreux

procédés de dosage de l'albumine je ne citerai que les trois procédés suivants.

2° Dosage par la chaleur. — On prend 50 centimètres cubes d'urine filtrée, auxquels on ajoute 10 grammes environ de sulfate de soude et X gouttes d'acide acétique (si l'urine était très riche en albumine, il faudrait prendre 20 ou 30 centimètres cubes, de même que dans le cas inverse on prendrait 100 ou 150 centimètres cubes de liquide), on porte lentement à l'ébullition, en agitant de temps en temps ; on maintient l'ébullition pendant quelques instants, puis on recueille le précipité sur un filtre séché et taré, on lave à l'eau bouillante tant que les eaux de lavages précipitent par le chlorure de baryum acidulé ; on lave à l'alcool puis à l'éther, on sèche et pèse ; le poids trouvé multiplié par 20 donne la quantité d'albumine par litre.

3° Dosage de l'albumine par le procédé de Méhu. — Le réactif de Méhu se prépare en dissolvant dans 200 centimètres cubes d'alcool à 90° 100 grammes de phénol pur et 100 grammes d'acide acétique ; ce réactif précipite très bien l'albumine.

Pour doser l'albumine avec le réactif de Méhu, on prend 100 centimètres cubes d'urine filtrée, qu'on additionne de 2 centimètres cubes d'acide azotique et de 10 centimètres cubes du réactif, on agite fortement, l'albumine se précipite ; on recueille ce précipité sur un filtre taré, et on le lave à l'eau bouillante saturée de phénol, finalement on sèche et pèse. Le

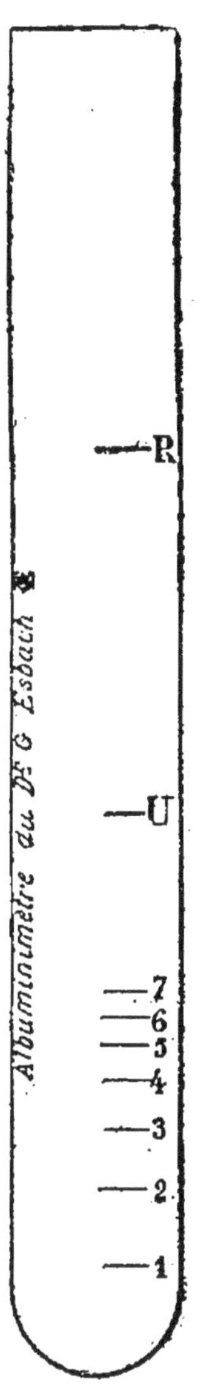

Fig. 10. — Tube d'Esbach pour le dosage de l'albumine (Brewer).

procédé de Méhu donne générale-ment de bons résultats.

4° Dosage approximatif par le tube d'Esbach. — On se sert du tube d'Esbach (albuminimètre d'Esbach) (fig. 10) dans lequel on verse de l'urine filtrée jusqu'au trait U puis du réactif d'Esbach (préparé comme il a été dit ci-des-sus) jusqu'au trait R; on bouche et on agite 12 fois lentement en évitant la mousse, on laisse re-poser 12 heures, et on lit sur l'é-chelle du tube la hauteur du pré-cipité, la graduation de l'instru-ment indique en grammes la quan-tité d'albumine contenue dans un litre d'urine.

On apprécie à l'œil les fractions de gramme; si la quantité d'albu-mine était supérieure à 7 grammes par litre, il faudrait diluer l'urine car l'instrument ne va pas au delà de 7 grammes.

Il arrive fréquemment que le dépôt albumineux ne se réunit pas au fond du tube, mais qu'il reste en suspension dans le liquide ou bien qu'il surnage; dans ces conditions le dosage est impossible et il faut avoir recours au procédé par la chaleur. Le dosage par le tube d'Esbach, quoique étant approximatif, rend des services en clinique.

Séparation des albumines, sérine et globuline. — On dose la totalité des albumines par la méthode donnée plus haut, c'est-à-dire à chaud par coagulation en présence du sulfate de soude et acide acétique. On prend ensuite 100 centimètres cubes d'urine qu'on acidule très légèrement par l'acide acétique et qu'on sature avec du sulfate d'ammoniaque. on laisse reposer pendant 24 heures dans un endroit frais. On filtre et lave le précipité avec une solution saturée de sulfate d'ammoniaque. Le filtratum qui contient la sérine, est porté à l'ébullition, on recueille le précipité de sérine qu'on lave et sèche et pèse.

En retranchant du poids de l'albumine totale le poids de sérine, on a par différence la *globuline.*

Pathologie. — La proportion d'albumine que l'on peut rencontrer dans les urines pathologiques est très variable, depuis quelques centigrammes par litre jusqu'à 12 grammes ou 20 grammes par litre, on en a même trouvé 30 grammes (Mercier). Les maladies dans lesquelles les urines sont albumineuses sont fort nombreuses : certaines affections cardiaques, la plupart des néphrites, les lésions des voies urinaires, les fièvres éruptives (néphrite scarlatineuse), la grossesse, le diabète et enfin dans un certain nombre d'empoisonnements tels que les empoisonnements par le plomb, la cantharide.

L'albuminurie peut être passagère ou chronique ; souvent dans l'albuminurie passagère, les autres éléments de l'urine ne subissent pas de modifications, il n'y a même pas de polyurie ; d'autres fois les urines sont rares, et à côté de l'albumine on trouve des cylindres hyalins ou muqueux ; dans les cas graves on voit apparaître dans l'urine des cylindres hémorragiques.

On trouve encore des albuminuries passagères dues à une suppuration du rein.

Enfin l'albuminurie est chronique dans le mal de Bright, cependant on observe souvent des périodes où l'urine ne renferme pas d'albumine.

Que l'albuminurie soit passagère ou chronique, elle est occasionnée par une néphrite et c'est au médecin à rechercher la cause de la néphrite.

5° **Autres matières albuminoïdes.** — Indépendamment des deux matières albuminoïdes que l'on vient d'étudier et qu'on rencontre le plus souvent dans les urines pathologiques, il existe dans ces dernières d'autres matières albuminoïdes qui, quoique assez rares, présentent des caractères spéciaux et souvent une importance capitale dans le diagnostic des maladies, c'est pourquoi je vais citer les principales.

MUCINE. — L'urine normale contient un peu de mucine, qui se dépose sous forme de flocons après l'émission, mais quelquefois cette proportion peut augmenter et dans ces conditions l'urine filtrée précipite à froid par l'acide acétique et le précipité est insoluble dans un excès de réactif.

Pathologie. — On rencontre de la mucine en quantité dans la cystite, de plus il y a toujours des globules de pus que l'on trouve au microscope.

FIBRINE. — La fibrine se reconnait facilement dans l'urine à ses caractères propres.

NUCLÉO-ALBUMINES. — On prend 100 centimètres cubes d'urine qu'on additionne de 300 centimètres cubes d'eau et d'un peu d'acide azotique, on laisse reposer 12 heures et on recueille le précipité d'albumine sur un filtre, on lave et épuise le coagulum par de la soude faible qui dissout les *nucléo-albumines*. Le liquide est filtré, puis saturé de sulfate de magnésie, qui précipite les nucléo-albumines, on les recueille sur un filtre, lave, sèche et calcine dans une capsule de platine avec un peu de nitrate de potasse et de carbonate de potasse. Le résidu est épuisé par de l'eau acidulée par l'acide azotique, et on recherche dans la liqueur le phosphore par le nitro-molybdate d'ammoniaque, qui donne un précipité jaune à chaud avec les phosphates.

Pathologie. — On rencontre des nucléo-albumines dans l'urine des leucocythémiques.

ALBUMOSES. — Lorsque l'acide azotique donne dans l'urine un précipité granuleux et non floconneux comme l'albumine, on doit penser aux albumoses ; pour rechercher ces dernières on suit la méthode de Devoto qui consiste à traiter 100 centimètres cubes d'urine par 80 grammes de sulfate d'ammoniaque, on porte à l'ébullition et on filtre.

On lave le précipité avec une solution saturée de sulfate d'ammoniaque ; puis on traite par l'eau distillée qui dissout les albumoses sans toucher aux albumines coagulées ; dans le liquide qui filtre on caractérise les albumoses par la réaction du biuret (voir peptones).

Pathologie. — L'albumoserie n'est pas très rare ; on la rencontre dans la goutte, dans certaines maladies infectieuses et dans certains empoisonnements.

PEPTONES. — On peut rechercher les peptones en précipitant toutes les matières albuminoïdes de l'urine par une solution d'acide trichloracétique au 1/5, on filtre et alcalinise le filtratum par la potasse ; il donne la réaction du biuret, si l'urine contient des peptones.

Il faut préférer à ce procédé le suivant : A 250 centimètres cubes d'urine on ajoute 5 à 6 grammes d'acétate de soude, et on ajoute goutte à goutte du perchlorure de fer jusqu'à coloration rouge persistante et de la potasse pour saturer, on porte à l'ébullition, l'acétate basique de fer entraîne toutes les matières albuminoïdes, on filtre le liquide, et on caractérise les peptones par la réaction du biuret.

Enfin la méthode d'Hoffmeister est encore la plus précise, on prend 500 centimètres cubes d'urine auxquels on ajoute 10 grammes environ d'acétate de soude, puis goutte à goutte du perchlorure de fer jusqu'à légère coloration rouge et de la potasse pour saturer, on porte à l'ébullition, toutes les matières albuminoïdes sont entraînées par le précipité d'acétate basique de fer. On ajoute alors un peu de potasse pour éliminer les dernières traces de fer et on filtre.

Le liquide est franchement acidulé par l'acide chlorhydrique et on ajoute une solution chlorhydrique de phospho-tungstate de soude, il se forme un précipité abondant qu'on recueille sur un filtre et lave avec de l'eau contenant 5 pour 100 d'acide sulfurique. Lorsque le précipité est égoutté, on le broye dans une capsule avec de l'hydrate de baryte, on ajoute un peu d'eau et chauffe au bain-marie vers 60° à 70° et on filtre ; dans la liqueur filtrée on élimine la baryte par de l'acide sulfurique étendu et après filtration on fait la réaction du biuret qui consiste à ajouter un peu de potasse et quelques gouttes de sulfate de cuivre, on a une coloration violette en présence des peptones.

Pathologie. — On trouve rarement des peptones dans l'urine, mais leur présence indique généralement un foyer de suppuration.

6° **Glucose.** — On rencontre dans les urines pathologiques différentes matières sucrées, mais celle qui est la plus importante, est le *glucose* de formule $C^6 H^{12} O^6$, c'est le glucose droit à constitution aldéhydique.

5.

La recherche de ce corps dans l'urine se fait par un certain nombre de méthodes qu'on peut diviser en quatre classes : 1ʳᵉ classe, *méthodes fondées sur la réduction des sels métalliques* ; 2ᵉ classe, *méthodes ayant recours au polarimètre* ; 3ᵉ classe, *méthodes consistant à faire des dérivés du glucose (phénylhydrazine, acide orthonitrophénylpropionique)* ; 4ᵉ classe, *méthodes basées sur la fermentation.*

Je décrirai les procédés qu'on emploie le plus souvent en pratique et j'insisterai spécialement sur les procédés qui donnent les meilleurs résultats.

Recherche qualitative du glucose. — a) *Par la liqueur de Fehling*[1]. — On chauffe dans un tube à essai quelques centimètres cubes de liqueur, qui ne doit pas donner de précipité après quelques instants d'ébullition, sinon la liqueur serait altérée ; puis on ajoute l'urine suspecte, si elle contient du glucose on a de suite un précipité jaune qui passe rapidement au rouge et qui augmente de plus en plus par l'ébullition.

Ce précipité tombe rapidement au fond du tube et le liquide surnageant conserve une teinte *plus ou moins bleue* ou bien passe au *jaune foncé.*

La réaction n'est pas toujours aussi nette et fré-

1. Voir la formule, page 87.

quemment le liquide se décolore, ou passe au vert *sans toutefois donner un précipité jaune ou rouge*, quelquefois la réduction ne se fait qu'au bout de 10 à 15 minutes; ces urines ne contiennent généralement pas de glucose, mais en revanche elles renferment beaucoup de matières colorantes et souvent de l'albumine; c'est pourquoi il faut déféquer ces urines, en y ajoutant 1/10 d'acétate de plomb liquide (extrait de Saturne), puis une solution saturée de sulfate de soude pour éliminer le plomb. Sur la liqueur filtrée, on fait la réaction du glucose par la liqueur de Fehling.

Enfin, si la réduction n'est pas très nette d'une part, et si d'autre part l'urine contient très peu de sucre, on peut employer le procédé suivant : on chauffe à l'ébullition dans un tube à essai quelques centimètres cubes de liqueur de Fehling, on retire du feu et dans le liquide chaud on laisse tomber très doucement de l'urine déféquée; s'il y a du glucose, on obtient un précipité jaune à la réunion de l'urine et de la liqueur. (Réaction très sensible.)

b) *Par le réactif de Nylander*. — On le prépare en dissolvant dans 95 parties d'eau distillée, 4 grammes sel de Seignette, 60 grammes lessive de soude caustique à 1,35 et 8 grammes sous-nitrate de bismuth ; quelques centimètres cubes d'urine, bouillis avec ce réactif, donnent à l'ébullition un *précipité noir* s'il y a du glucose.

Après l'absorption du séné, de la rhubarbe, de la

térébenthine, de l'antipyrine, de la quinine, de la morphine, les urines réduisent le réactif de Nylander.

c) *Par la liqueur de Knapp.* — On la prépare en dissolvant dans 100 centimètres cubes de lessive de soude à 18°,B° 10 grammes de cyanure de mercure et étendant à un litre ; on obtient avec ce réactif à l'ébullition un précipité noir en présence du glucose ; l'acide urique est sans action, mais la créatinine agit.

d) *Par le polarimètre.* — On additionne l'urine de 1/10 de son volume d'extrait de Saturne, on filtre et on examine au polarimètre ; avec l'urine normale, ne contenant pas de glucose, on a une déviation gauche très légère (— 0,5 au maximum), tandis qu'une urine sucrée donne une déviation droite plus ou moins forte.

e) *Par la phénylhydrazine.* — On prend 20 centimètres cubes d'urine environ, auxquels on ajoute 0gr,50 de chlorhydrate de phénylhydrazine et 2 grammes environ d'acétate de soude, on chauffe le tout pendant une heure au bain-marie, on laisse refroidir lentement, il se forme toujours un *dépôt plus ou moins abondant* qu'on examine au microscope.

Les cristaux de phénylglucosazone (fig. 11) apparaissent en fines aiguilles groupées soit en croix, ou le plus souvent en *bottes de foin* ; à côté, il y a toujours des particules jaunes ou brunes amorphes de

phénylhydrazine ou quelquefois cristallisées; mais
ce sont seulement les cristaux en aiguilles et groupés
en *bottes de foin* qui sont caractéristiques du glucose

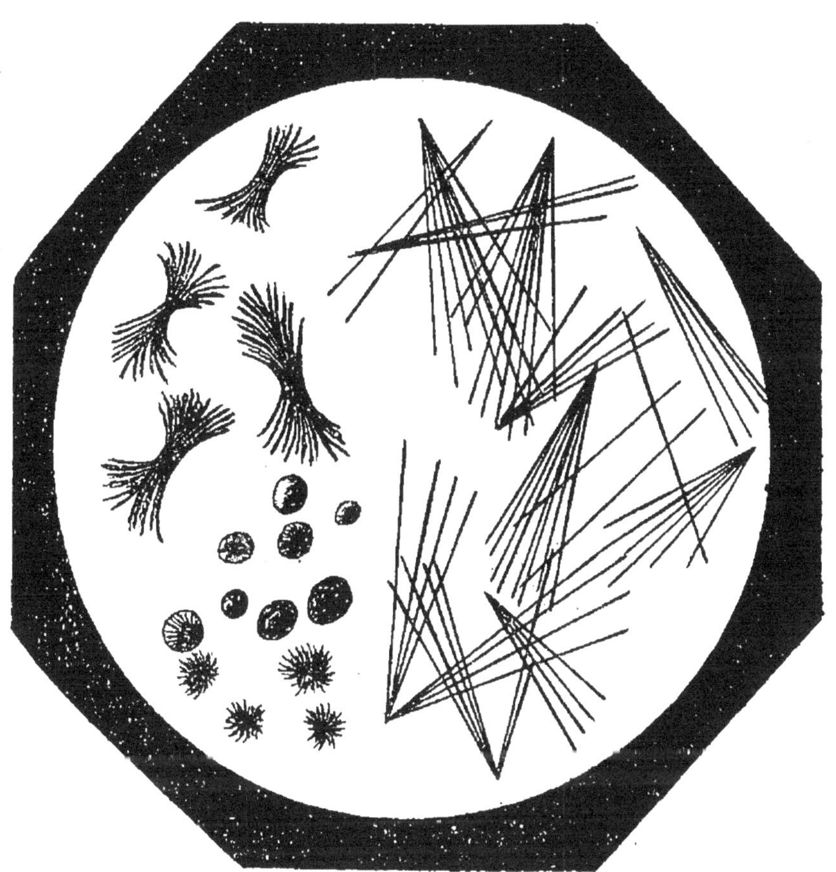

Fig. 11. — Cristaux de phénylglucosazone (G. Mercier).

et permettent d'en affirmer la présence; c'est la
meilleure réaction du glucose.

f) *Par l'acide orthonitrophénylpropionique.* —

On chauffe quelques centimètres cubes d'urine avec une solution alcaline d'acide orthonitrophénylpropionique, on a d'abord une coloration verte puis *bleu foncé*.

Toutes les urines sucrées donnent cette réaction, mais certaines urines non sucrées la donnent, c'est pourquoi, lorsqu'on n'obtient pas cette réaction, on est sûr qu'il n'y a pas de glucose, mais l'inverse n'est pas vrai.

g) *Par la fermentation.* — Ce procédé est très bon, mais il nécessite l'emploi de levure de bière, qu'on n'a pas toujours à sa disposition.

On remplit complètement un tube à essai d'urine, dans laquelle on a délayé gros comme un pois de levure de bière lavée[1], on ferme avec un bouchon traversé par un tube de verre deux fois recourbé, on retourne le tube dans un verre à précipité, et on place le tout à l'étuve à 30° pendant 8 ou 10 heures (fig. 12).

Sous l'effet de la fermentation, le liquide s'écoule par le tube de verre et le gaz se rassemble à la partie supérieure du tube; dans les urines normales, il y a une ou deux bulles grosses comme une tête d'épingle; et s'il y a la plus petite quantité de sucre, on a de suite plusieurs centimètres d'acide carbonique.

Il est bon de placer à côté un tube témoin conte-

---

1. Voir page 96 la préparation de la levure lavée.

nant une solution de glucose à 1 pour 100 et la même quantité de levure.

DOSAGE DU GLUCOSE. — Les méthodes de dosage du glucose, peuvent se diviser en trois classes : 1° *méthodes par les liqueurs titrées* ; 2° *méthodes optiques* ; 3° *Méthodes par fermentation*.

Parmi ces trois méthodes, quelle est la meilleure ? C'est sans contredit la fermentation ; en effet, les liqueurs titrées donnent outre le glucose la somme des matières réductrices.

C'est donc un nombre trop élevé, le polarimètre donne généralement des chiffres trop bas à cause des matières déviant à gauche.

Je vais donc décrire le dosage du glucose : 1° *par la liqueur de Fehling* ; 2° *par la liqueur d'Ost* dans certains cas qui seront exposés plus bas ; 3° *par le saccharimètre* ; 4° *par la fermentation*.

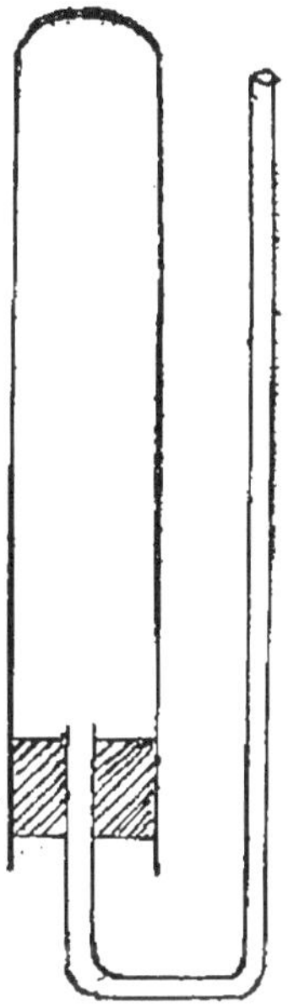

1° Par la liqueur de Fehling. — La liqueur de Fehling se prépare en dissolvant : 34gr,65 de sulfate de cuivre pur et cristallisé dans 200 centimètres cubes d'eau distillée, d'autre part on dissout 173 grammes de tartrate double de potasse et de soude dans 480 centimètres cubes d'une solution de soude d'une densité de 1,14 ; on verse peu à peu en

FIG. 12.

Tube pour fermentation (essai qualitatif).

agitant la première solution dans la seconde et on complète avec de l'eau distillée pour avoir 1000 centimètres cubes de liqueur.

A défaut d'une solution de soude à 1,14, on dissout dans 500 centimètres cubes d'eau distillée 80 grammes de soude en plaques.

Cette liqueur doit être titrée, pour cela on dissout dans 100 centimètres cubes d'eau distillée $0^{gr},50$ de glucose chimiquement *pur et séché à* 100° (ce produit se trouve facilement dans le commerce) ; à défaut de glucose on prépare une solution de sucre interverti, en dissolvant dans 100 centimètres cubes d'eau distillée $0^{gr},950$ de sucre candi pur et séché à 100° ; on intervertit avec 10 centimètres cubes d'acide chlorhydrique au bain-marie à 70° pendant 2 heures. Après refroidissement on neutralise avec du carbonate de soude et on amène à 200 centimètres cubes. on a ainsi une solution dont 10 centimètres cubes contiennent exactement $0^{gr},05$ de sucre interverti.

On verse dans un ballon de 125 centimètres cubes 10 centimètres cubes de liqueur de Fehling auxquels on ajoute 30 centimètres cubes environ de soude à 10/100, on porte à l'ébullition, et on laisse tomber avec la burette de Mohr de la solution sucrée par petites portions, en portant à l'ébullition chaque fois.

Il se produit un précipité rouge brique d'oxydule de cuivre Cu^2O, qui se dépose assez facilement, la liqueur se décolore progressivement à mesure que le précipité d'oxydule augmente ; on continue l'affusion de la liqueur sucrée jusqu'à ce que le liquide ait *perdu sa couleur bleue* et *soit incolore*. Sur la fin de l'opération il faut agir avec précaution, et laisser tomber la liqueur sucrée goutte par goutte. On apprécie mieux la décoloration en laissant reposer le ballon quelques secondes, le dépôt d'oxydule de cuivre se rassemble au fond du ballon, et permet d'apprécier facilement la couleur du liquide surnageant, cependant il faut éviter de laisser le ballon se refroidir trop longtemps, car l'oxydule s'oxyderait de nouveau et colorerait la liqueur en bleu.

Si la liqueur surnageante était jaune, c'est qu'il y aurait eu excès de solution sucrée et il faudrait recommencer l'essai.

Il faut toujours faire deux titrages et prendre la moyenne des deux nombres obtenus.

Je suppose qu'il a fallu 12 centimètres cubes de solution sucrée à 1/200 pour décolorer les 10 centimètres cubes de liqueur de Fehling, le titre de la liqueur pour 10 centimètres cubes sera donné par la formule $\dfrac{12}{200} = 0^{gr},06$, ce qui veut dire que 10 centimètres de liqueur de Fehling sont complètement décolorés par $0^{gr},06$ de glucose.

Quelques praticiens ont l'habitude de ramener toujours le titre de la liqueur de Fehling à 0,05, mais ce n'est pas nécessaire.

Pour appliquer ce procédé à l'urine, il faut se rappeler que, pour que le dosage du glucose soit exact, la solution doit en renfermer 10 grammes au plus par litre. En pratique et avec un peu d'habitude, on détermine facilement la dilution, qu'on doit faire subir à l'urine en se guidant sur sa densité ; on peut également faire un dosage approximatif sur l'urine pure en employant 10 centimètres cubes de liqueur de Fehling.

Connaissant la teneur approximative de l'urine en glucose, on la dilue convenablement de façon à obtenir une solution renfermant au plus 10 grammes de glucose par litre.

Si l'urine était albumineuse, il faudrait éliminer cette dernière par ébullition avec quelques gouttes d'acide acétique.

Cela fait, on prend 10 centimètres cubes de liqueur de Fehling, qu'on place dans un ballon de 125 centimètres cubes, on ajoute 30 à 40 centimètres cubes de soude à 10/100 et on porte à l'ébullition, puis avec la burette de Mohr on laisse tomber dans le ballon. de l'urine diluée par petites portions, on porte à l'ébullition après chaque addition, et on continue par tâtonnements jusqu'à ce que la liqueur bleue soit totalement décolorée, on laisse reposer quelques secondes pour bien s'assurer de la décoloration, en évitant toutefois d'attendre trop longtemps.

Si le liquide surnageant le précipité était jaune, il faudrait recommencer le dosage, car il y aurait excès de solution sucrée.

Du nombre de centimètres cubes d'urine diluée, employés, on déduit la quantité de sucre par litre, si l'urine a été diluée au 1/10 et si l'on en a employé 15 centimètres cubes, le titre de la liqueur étant par exemple 0,06, la quantité de sucre contenu dans 1 litre d'urine sera donnée par la formule :

$$\frac{0,06}{15} \times 10 \times 1000.$$

Le dosage ne se fait pas toujours aussi facilement que cela, et il arrive fréquemment que le liquide, au lieu de se décolorer, prend une teinte vert sale, teinte que ne détruit pas une nouvelle addition de solution sucrée, il faut dans ces conditions déféquer l'urine par le sous-acétate de plomb, quoique des travaux précis ont établi depuis longtemps déjà que le sous-acétate de plomb entraîne une petite quantité de glucose.

En même temps que l'on défèque l'urine, on la dilue convenablement ; on prend par exemple 10 centimètres cubes d'urine, on ajoute 1/10 de sous-acétate de plomb, on agite, puis on élimine le plomb avec une solution saturée de sulfate de soude, on complète à 100 centimètres cubes avec de l'eau distillée, on agite et filtre. On a ainsi de l'urine déféquée et diluée sur laquelle on pratique le dosage par la liqueur de Fehling comme j'ai dit plus haut.

Malgré ce traitement, on trouve encore quelquefois des urines contenant peu de sucre, et où le dosage par la liqueur de Fehling est encore impossible pour plusieurs raisons, dont les principales sont les suivantes : la teinte verte signalée plus haut apparaît dans la liqueur surnageant le précipité d'oxydule de cuivre, l'addition de liqueur sucrée ne provoque tout d'abord pas de précipité dans la liqueur cuivrique, mais au bout de quelques instants un abondant précipité se forme et la liqueur surnageante est colorée en jaune. Dans ces deux cas, si l'on veut faire le dosage par les liqueurs titrées, il faut avoir recours à la méthode par la liqueur d'Ost [1].

2º Par la liqueur d'Ost. — Cette méthode repose sur ce principe : on fait bouillir une solution de glucose avec une solution de carbonate cuivrique, il se dépose de l'oxydule de cuivre, qu'on recueille et dissout dans une solution sulfurique de sulfate ferrique, dans laquelle on titre, par le permanganate de potasse, le fer réduit par l'oxydule de cuivre. La pratique du dosage nécessite l'emploi des solutions suivantes :

1º Liqueur cuivrique d'Ost obtenue en dissolvant 23^{gr},40 de sulfate de cuivre pur et cristallisé dans 200 centimètres cubes d'eau distillée, d'autre part on dissout dans 600 centimètres cubes d'eau 250 grammes de carbonate de potasse et 100 grammes de

---

1. Les urines qui présentent ces phénomènes contiennent généralement peu de glucose, environ de 1 à 5 grammes par litre.

bicarbonate de potasse ; on verse, en agitant, la solution cuivrique dans la solution des carbonates et on amène au volume de 1000 centimètres cubes avec de l'eau distillée, enfin on filtre au papier.

2° *Solution d'alun de fer et de potasse*, faite en dissolvant 100 grammes d'alun de fer et de potasse dans 500 centimètres cubes d'eau distillée, ajoutant 150 grammes d'acide sulfurique pur et complétant à 1 litre. Cette solution sera placée dans une pissette à jet (fig. 5, page 36).

3° *Solution N/10 de permanganate de potasse*, obtenue en dissolvant dans 1 litre d'eau distillée 3^{gr},20 de permanganate de potasse pur et sec ; cette solution doit être titrée, pour cela on prépare une solution de sulfate double de fer et d'ammoniaque de la manière suivante : dans 200 centimètres cubes d'eau distillée on dissout 19^{gr},600 de sulfate double de fer et d'ammoniaque cristallisé et bien desséché dans des doubles de papier buvard, on ajoute 60 centimètres cubes d'acide sulfurique pur et on amène à 500 centimètres cubes avec de l'eau distillée.

10 centimètres cubes de cette solution = 0^{gr},056 de fer métallique qui correspondent à 0^{gr},0633 de cuivre métallique.

Pour titrer la solution de permanganate de potasse, on prend 10 centimètres cubes de cette solution qu'on place dans un petit verre et à l'aide d'une burette de Mohr, remplie de la solution à titrer, on laisse tomber le liquide jusqu'à ce qu'on obtienne la teinte rosée. Comme on a pris 3^{gr},20 de sel au lieu de 3^{gr},16 (poids réel), on devra employer moins de 10 centimètres cubes de permanganate de potasse pour obtenir la coloration rose, on en déduira facilement, par un simple calcul, la quantité d'eau distillée à ajouter pour obtenir une solution, dont 10 centimètres cubes oxydent exactement le fer contenu dans les 10 centimètres cubes de liqueur de fer ; dans ces conditions 1 centimètre cube de liqueur de permanganate de potasse correspondra à *0,0056 de fer métallique ou 0,00633 cuivre métallique.*

Pour appliquer cette méthode à l'urine, voici comment on opère : on place dans un verre de Bohème 5 centimètres cubes dé l'urine, on ajoute 50 centimètres cubes de liqueur cuivrique d'Ost et 20 centimètres cubes d'eau distillée, on porte à l'ébullition qu'on *maintient pendant 10 minutes exactement.* Si la liqueur mousse beaucoup, on ajoute un petit fragment de paraffine. Au bout de ce temps, la liqueur surnageante doit être *bleue,* sinon il faudrait recommencer le dosage en opérant sur une plus grande quantité d'urine. On décante alors la liqueur bleue encore chaude sur un filtre sans plis, mouillé à l'eau bouillante, on lave une fois à l'eau bouillante le précipité d'oxydule de cuivre resté dans le verre et le précipité recueilli sur le filtre, puis, à l'aide de la pissette à jet remplie de la solution sulfurique d'alun de fer et de potasse, on dissout le précipité d'oxydule de cuivre, on reçoit le liquide dans le verre de Bohème, et on lave rapidement le filtre à l'eau bouillante. on doit obtenir environ 100 centimètres cubes de liquide.

Il ne reste plus qu'à titrer par le permanganate de potasse le fer réduit par l'oxydule de cuivre ; pour cela on laisse tomber avec la burette de Mohr de la solution de permanganate de potasse jusqu'à ce qu'on obtienne la teinte rosée.

Du nombre de centimètres cubes de permanganate de potasse employés, on en déduit la quantité de cuivre métallique, sachant que 1 centimètre cube de permanganate de potasse $= 0,00633$ de cuivre métallique. Il suffit alors de diviser ce nombre en milligrammes par un coefficient qui a été déterminé par Ost et qu'on trouve dans le tableau ci-dessous :

Tableau donnant la quantité de glucose correspondant à un poids X de cuivre et le facteur à employer :

Cuivre réduit en milligr.	300	275	250	225	200	175
Facteur..	3,00	3,15	3,26	3,33	3,38	3,40
Glucose en milligr.	100	87,3	76,4	67,6	59,2	51,5

Cuivre réduit en milligr.	150	125	75	50	25
Facteur..	3,40	3,40	3,38	3,30	3,15
Glucose en milligr.	44,1	29,4	22,2	15,1	7,9

Le coefficient, comme le montre le tableau, est variable et, comme il a été déterminé expérimentalement par Ost pour des quantités de glucose assez voisines les unes des autres, on peut l'admettre comme juste.

Connaissant la quantité de glucose renfermé dans 5 centimètres cubes d'urine, en multipliant par 200 on aura le résultat pour 1 litre.

Cette méthode donne d'excellents résultats toutes les fois qu'on ne peut pas employer la liqueur de Fehling.

3ᶜ Par le saccharimètre. — On prend 50 centimètres cubes d'urine auxquels on ajoute 5 centimètres cubes d'extrait de Saturne, on agite fortement et filtre. On remplit le tube de 20 centimètres cubes avec ce liquide, puis on examine au saccharimètre Laurent (fig. 13) ; le nombre de divisions *saccharimériques*, dont on aura tourné à droite pour obtenir l'égalité de teinte, multiplié par 2,22, donne la quantité de glucose par litre de liquide examiné ; ce nombre doit être augmenté de 1/10 à cause de la dilution.

4° Par fermentation. — Cette méthode nécessite l'emploi de la levure de bière lavée qu'on prépare ainsi : 10 à 15 grammes de levure de bière, fortement pressée, sont délayés dans quantité suffisante d'eau pour former une pâte, on ajoute environ 250 centimètres cubes d'eau par petites portions et en agitant, on laisse reposer quelques minutes et on décante l'eau surnageante qu'on remplace par 250 centimètres cubes d'eau, on renouvelle cette opération une seconde fois, après quoi on essore la levure à la trompe.

Pour doser le glucose par fermentation, il suffit de
placer dans un petit appareil à dosage de l'acide

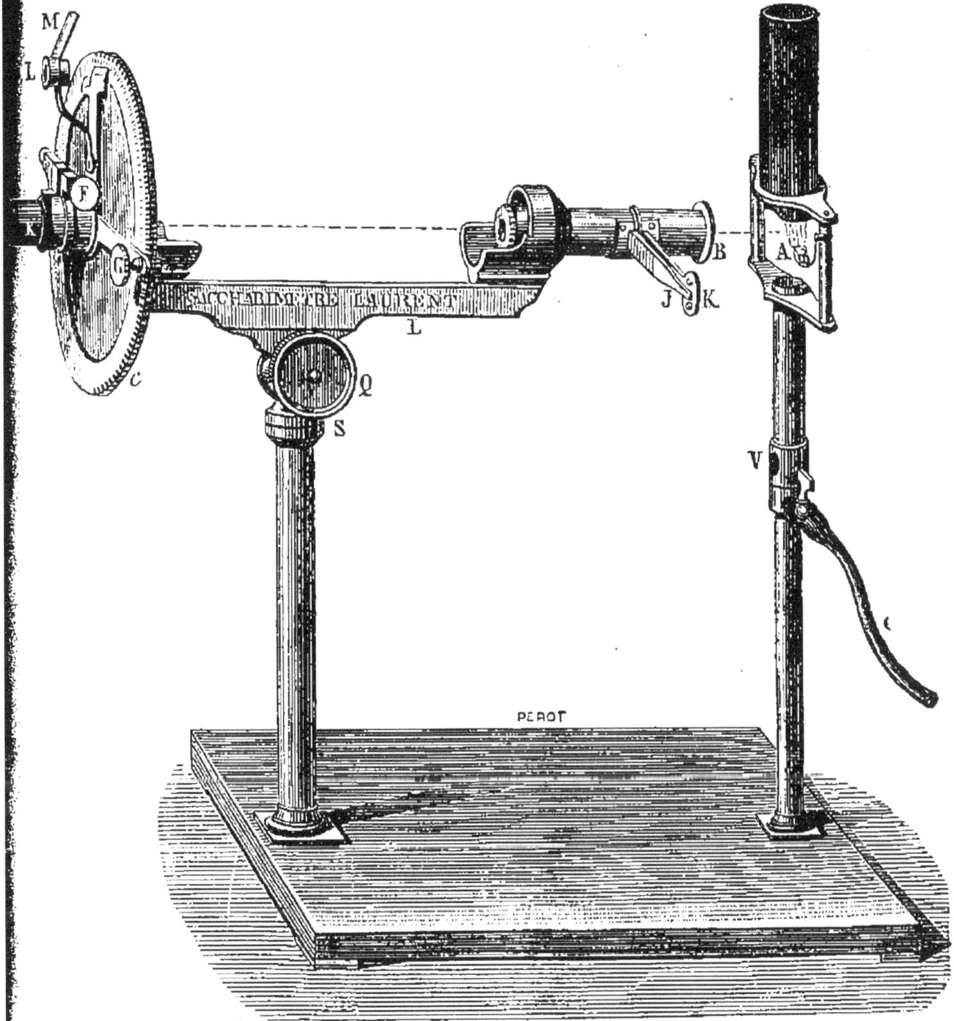

FIG. 13. — Saccharimètre de Laurent.

carbonique (voir dosage des carbonates dans les

Martz. — Chimie physiologique.   6

calculs) 10 centimètres cubes d'urine et gros comme
un pois de levure lavée ; on tare le tout à la balance
de précision, et on place à l'étuve à 30° pendant
48 heures ; après quoi on chasse l'acide carbonique en
aspirant par l'un des tubes de l'air, ayant traversé
une couche de ponce sulfurique, on pèse ; par différence on a le poids d'acide carbonique dégagé, or
47 de CO_2 correspondent à 100 grammes de glucose.

A ce procédé, je préfère le suivant basé sur ce fait:
si dans une urine on dose la totalité des matières
réductices par la méthode d'Ost et si l'on répète la
même opération dans l'urine ayant subi la fermentation, on aura évidemment par différence le glucose disparu par fermentation. Voici comment il
convient de faire ce dosage : on dose la totalité des
matières réductrices sur 5 centimètres cubes d'urine,
en opérant comme il est dit par la méthode d'Ost ;
d'autre part 5 centimètres cubes d'urine, additionnés
d'un peu d'eau distillée, sont mis à fermenter à l'é-
tuve à 30° avec gros comme un pois de *levure
lavée*.

Au bout de 48 heures la fermentation est terminée, on transvase le liquide dans une capsule de porcelaine et on ajoute un peu de sulfate de soude et
acide acétique, on porte à l'ébullition, filtre et lave
à l'eau bouillante. Dans ce filtratum, convenablement concentré, on dose les matières réductrices par
la méthode d'Ost ; soit N et N' les poids de cuivre
réduits par 5 centimètres cubes d'urine avant et

après la fermentation, $N-N'$ *représenteront exactement* le cuivre réduit par le *glucose seul*, on en déduira facilement ·le glucose pour 5 centimètres cubes d'urine et ensuite par litre.

Pathologie. — L'urine normale ne contient pas de glucose, mais on peut constater du glucose dans l'urine soit d'une façon permanente, soit d'une façon transitoire. Dans le premier cas on a affaire au diabète sucré, la proportion de glucose, contenue dans l'urine, est très variable depuis quelques grammes par litre jusqu'à 100 ou 200 grammes.

Dans le deuxième cas c'est la glycosurie alimentaire, caractérisée par la présence du glucose dans l'urine après l'absorption de féculents ou d'aliments sucrés, ou même après un repas copieux, cela tient à une lésion organique du foie dont les cellules, en partie sclérosées, sont impropres à retenir le glucose qu'amène la veine porte et sont impuissantes à transformer ce glucose en glycogène ; c'est pourquoi il se répand dans la circulation générale, et il passe dans l'urine au niveau du rein. Cette glycosurie ne dure que quelques heures. On a encore observé de la glycosurie dans certains traumatismes nerveux et dans certaines intoxications.

5° Autres matières sucrées. — Indépendamment du glucose $C^6H^{12}C^6$, on trouve, du reste assez rarement, d'autres matières sucrées ; les deux plus importantes sont : un *pentose* en $C^5H^{10}O^5$ et le *lactose* $C^{12}H^{22}O^{11}$.

Pentose. — C'est Tollens le premier qui a signalé le pentose dans l'urine, on caractérise ce corps au moyen de la réaction de Tollens, qui se pratique de la manière suivante : l'urine, additionnée de son volume d'acide chlorhydrique, est chauffée au bain-marie avec un mélange contenant 1 partie d'eau et 1 partie d'acide chlorhydrique saturé à froid de phloroglucine ; il se produit une belle coloration rouge et le liquide examiné au spectroscope donne une bande d'absorption épaisse à droite de la raie du sodium si l'urine renferme un pentose.

Pathologie. — On constate du pentose dans les urines après l'absorption de certains végétaux riches en pentosanes et quelques intoxications (Morphino-manes.

Lactose. — Pour rechercher le lactose dans l'u-rine il suffit de la faire fermenter par la levure de bière et d'essayer ensuite le liquide à la liqueur de Fehling qui sera réduite en présence du lactose.

Le dosage se fera aisément sur l'urine fermentée avec la liqueur de Fehling en se rappelant, que 0,05, de glucose droit correspondent à 0,07 de lactose.

Pathologie. — Le lactose apparaît dans les urines des femmes accouchées, des femmes dont on supprime le lait ; et enfin toutes les fois qu'il y a rétention du lait dans la glande mammaire.

6° Acétone. — *Recherche qualitative.* — On dis-tille dans une cornue de l'urine, additionnée d'un peu d'acide phosphorique et on recueille les premiers centimètres cubes sur lesquels on fait les réactions suivantes : 1° le distillat additionné de potasse et d'une solution d'iode dans l'iodure de potassium donne *à froid* de l'iodoforme, reconnaissable à son odeur et à ses cristaux caractéristiques au microscope, si l'urine contient de l'acétone ; 2° le distillat traité par une solution alcoolique d'iode et par l'ammoniaque donne de l'iodoforme en présence de l'acétone ; cette réaction est spéciale à l'acétone et l'alcool ne la donne pas ; 3° si, à une solution aqueuse d'aldéhyde benzylique orthonitré, on ajoute un peu du distillat et de la potasse, et qu'on chauffe, on obtient une coloration jaune, verte puis *bleue*, il s'est formé de l'indigo, qu'on peut extraire en agitant le liquide avec du chloroforme. Cette réaction ne se produit qu'en présence de l'acétone.

DOSAGE DE L'ACÉTONE. — La pratique de cet essai exige les solutions suivantes :

1° *Solution d'iode.* — Dissoudre 25 grammes d'iode bisublimé dans 50 grammes d'iodure de potassium pur et bien exempt d'iodates ; porter la liqueur à 1 litre (cette solution n'a pas besoin d'être titrée);

2° *Hyposulfite de soude* N/10. — Dissoudre dans 1 litre d'eau distillée 24^{gr},80 d'hyposulfite de soude pur, recristallisé et bien séché dans du papier buvard;

3° *Eau amidonnée.* — Délayer 2 grammes d'amidon dans 100 centimètres cubes d'eau, chauffer 1 heure au bain-marie et décanter le liquide clair pour l'usage;

4° *Acide sulfurique dilué.* — Acide sulfurique
pur dilué au 1/10 ;

5° *Soude.* — Solution de soude contenant 80
grammes de soude caustique par litre.

Pour doser l'acétone dans l'urine on distille 50 centimètres cubes d'urine, additionnés de 1 centimètre
cube d'acide phosphorique médicinal, il faut avoir
soin de faire circuler dans le réfrigérant un courant
d'eau assez rapide pour condenser exactement tous
les produits de la distillation ; il est bon également
d'adapter au réfrigérant un ballon fermé par un bouchon de liège à deux trous dont l'un communique
avec le réfrigérant et l'autre avec l'atmosphère par un
long tube. On recueille ainsi 20 centimètres cubes de
liquide, qui vont servir à faire le dosage de l'acétone.
Dans 2 ballons A et B de 250 centimètres cubes chacun, on verse 30 centimètres cubes de la solution de
soude, dans A on ajoute 5 centimètres cubes d'eau
distillée et 25 centimètres cubes de la solution d'iode,
tandis que dans B on met 5 centimètres cubes du distillat et 25 centimètres cubes de la solution d'iode ;
on laisse réagir 10 minutes au moins et 20 minutes au
plus en agitant de temps en temps, après quoi on
ajoute dans chaque ballon 30 centimètres cubes d'a-
cide sulfurique dilué.

Dans le cas où le ballon B ne prendrait pas une
teinte jaune due à l'iode, il faudrait recommencer
les deux essais en doublant par exemple la quantité
d'iode.

Alors dans chaque ballon, à l'aide d'une burette de Mohr on laisse tomber de l'hyposulfite de soude N/10 jusqu'à presque complète décoloration ; on ajoute 5 centimètres cubes d'eau amidonnée et on termine la décoloration,

Soient N et N' les nombres de centimères cubes d'hyposulfite de soude N/10, employés pour décolorer les liqueurs, l'acétone contenu par litre d'urine sera donné par la formule :

$$\frac{(N - N') \times 0.00121 \times 20 \times 20}{5}$$

Si l'urine contient peu d'acétone, on prendra 10 ou 15 centimètres cubes du distillat au lieu de 5 centimètres cubes.

Pathologie. — L'urine normale renferme par litre quelques centigrammes d'acétone ; cette proportion augmente dans le cancer, dans les affections fébriles (scarlatine, variole, rougeole), mais c'est surtout dans le diabète sucré où la proportion d'acétone peut devenir considérable (0.80 à 3 grammes par litre d'urine) ; ces malades exhalent l'odeur de l'acétone.

7° Acide acétylacétique. — On ajoute à l'urine du perchlorure de fer, on agite et jette sur un filtre, le liquide passe rouge foncé en présence de l'acide acétylacétique, il faut répéter la même réaction avec l'urine *bouillie* ; la réaction doit être négative car l'acide acétylacétique est détruit.

Lorsqu'on a constaté la présence de l'acide acétylacétique dans l'urine, on est certain d'y trouver de l'acétone, mais l'inverse n'est pas vrai.

Le dosage de ce corps ne présente pas grand intérêt, mais on peut le faire facilement au moyen des méthodes colorimétriques.

Deux cas peuvent se présenter : 1° l'urine contient l'*acide acétylacétique seul*; 2° l'urine contient le même acide associé à des médicaments qui se colorent en rouge avec le perchlorure de fer.

1er Cas.— On prend 100 centimètres cubes d'urine auxquels on ajoute 5 centimètres cubes de perchlorure de fer officinal, on agite et filtre ; d'autre part on fait dissoudre dans 100 centimètres cubes d'eau distillée 1 gramme d'éther acétylacétique qu'on trouve facilement dans le commerce ; on prend 20 à 50 centimètres cubes de cette solution qu'on place dans une éprouvette de 100 centimètres cubes, on ajoute 5 centimètres cubes de perchlorure de fer et on compare la teinte obtenue avec celle que donne l'urine additionnée de perchlorure de fer, filtrée et placée également dans une éprouvette de 100 centimètres cubes ; *par addition d'eau on arrive à égalité de teinte.* Si l'on a pris 20 centimètres cubes de la solution d'éther acétylacétique à 1 pour 100 et si l'on a obtenu l'égalité de teinte en ajoutant de l'eau jusqu'à 60 centimètres cubes, la quantité d'acide acétylacétique sera donnée par la formule :

$$\frac{0,20 \times 1000}{60}$$

2e Cas. — On fait une première détermination en opérant comme on a dit plus haut ; puis on porte à l'ébullition pendant quelques instants 100 centimètres cubes d'urine, on laisse refroidir et amène à 100 centimètres cubes, on fait une deuxième détermination dans les mêmes conditions ; la différence entre la première et la seconde donne la quantité d'acide acétylacétique contenue dans l'urine. Lorsque les urines sont peu colorées, les dosages sont faciles et les teintes s'apprécient avec beaucoup de netteté, mais dans les urines très colorées, la chose est plus difficile.

Pathologie. — L'acide acétylacétique existe dans les urines de certains diabétiques où il est associé à l'acétone, mais on ne sait rien de précis sur ses variations.

8° **Acide β oxybutyrique**. — Lorsque, dans une urine sucrée, on dose le glucose par la liqueur de Fehling et par le saccharimètre, si les différences sont considérables, il y a lieu de soupçonner l'existence de l'acide β oxybutyrique ; de plus lorsque la quantité d'acidité des acides volatils est assez élevée, lorsque l'urine contient de l'acétone ou de l'acide acétylacétique, il faut penser également à l'acide β oxybutyrique qu'on recherche de la façon suivante : l'urine fraîche est mise à fermenter avec de la levure de bière, lorsque tout le sucre a disparu, on ajoute 1/10 de sous-acétate de plomb et filtre ; l'urine, ainsi traitée, dévie fortement à gauche, car le β oxybuty-

rate de plomb dévie à gauche le plan de polarisation.
On recherche encore l'acide β oxybutyrique, en le
transformant en acide crotonique et voici comment
il faut opérer.

On prend 1500 centimètres cubes à 2000 centimètres cubes d'urine qu'on fait fermenter avec de la
levure, après disparition complète du glucose, on filtre
et évapore au bain-marie en consistance sirupeuse.
On introduit cette masse dans une cornue tubulée
dont le col est relié à un ballon plongeant dans un
mélange de glace et de sel ; on verse avec précaution
de l'acide sulfurique concentré dans la cornue,
ce dernier a pour effet de transformer l'acide β oxybutyrique en acide crotonique.

On distille au bain de sable, lorsqu'il y a beaucoup
d'acide β oxybutyrique, on voit l'acide crotonique se
condenser sous forme de lames nacrées dans les
parties froides de la cornue.

La portion distillée se sépare rapidement en deux
couches, l'une inférieure, formée de cristaux, l'autre
supérieure, qui, évaporée dans le vide, donne encore
des cristaux. Bref les cristaux sont séparés de la
partie liquide et convenablement essorés et même
fortement comprimés dans du papier buvard, afin
d'éliminer un acide gras liquide qui s'y trouve souvent mélangé et qui en abaisse le point de fusion.
(F. Martz.)

On dissout ces cristaux dans l'éther pur et on
laisse cristalliser ; on prend le point de fusion des

cristaux ainsi obtenus et parfaitement essorés ; il doit être 71° à 72°. Souvent il est nécessaire de faire plusieurs cristallisations dans l'éther, pour obtenir le point de fusion de 71°, qui est celui de l'acide crotonique ; ce dernier se reconnaît encore à son odeur spéciale, qui est âcre et désagréable.

L'acide β oxybutyrique ne se dose pas généralement, cependant on pourrait en faire le dosage, d'une façon assez exacte, par le polarimètre après fermentation et traitement par le sous-acétate de plomb.

Pathologie. — A l'état normal l'urine ne renferme pas d'acide β oxybutyrique, mais dans certains cas de diabète il apparait dans l'urine à la dose de quelques grammes par litre comme je l'ai constaté fréquemment.

On a vu, chez chertains diabétiques, des doses énormes d'acide β oxybutyrique, 20 à 40 grammes et jusqu'à 200 grammes par litre.

Dans le coma diabétique on trouve la plupart du temps de l'acide β oxybutyrique dans l'urine, mais à l'heure actuelle on ne connait pas les relations qui existent entre le coma et la présence de cet acide dans l'urine.

9° **Indican**. — L'indican ou *indicogène* se rencontre en petite quantité dans l'urine normale, mais dans certains cas pathologiques la proportion peut devenir si forte que l'urine prend une teinte bleue très foncée.

On se contente généralement de rechercher qualitativement l'indican, et de voir si la proportion semble plus élevée qu'à l'ordinaire.

Pour eela on prend 10 centimètres cubes d'urine auxquels on ajoute 10 centimètres cubes d'acide chlorhydrique et 3 centimètres cubes de chloroforme, on agite et ajoute quelques gouttes de liqueur de Labarraque (il faut éviter un excès), on agite, l'indigo formé se dissout dans le chloroforme qu'il colore en bleu très pâle.

La présence des bromures et iodures gêne la réaction ; on dissout le brome et l'iode mis en liberté par un cristal hyposulfite de soude.

Pathologie. — L'indican apparaît en quantité dans les urines toutes les fois que des fermentations putrides se passent dans l'intestin grêle, par exemple dans les cas d'obstructions intestinales.

10° Pigments biliaires, acides biliaires et urobiline. — Les urines contenant ces corps sont généralement caractéristiques par leur couleur, elles sont rouges, brunes ou verdâtres, la plupart du temps elles sont dichroïques.

On caractérise les pigments biliaires par la réaction de Gmelin qui se fait ainsi : dans un verre à pied on place environ 10 centimètres cubes d'acide azotique additionnés d'une goutte d'acide sulfurique, on laisse tomber par-dessus de l'urine avec une pipette et sans mélanger ; au bout de quelque temps on observe de bas en haut une série d'anneaux avec les couleurs suivantes: vert pré, bleu, violet, violet rouge, rouge et jaune, mais seul l'anneau *vert pré* est caractéristique des pigments biliaires. On peut faire cette réaction d'une autre façon ; on imprègne d'urine un morceau de papier à filtrer, sur lequel on laisse tomber une goutte du mélange azoto-sulfurique et on voit se développer des zones concentriques *vert pré*, violet, violet rouge, rouge et jaune en cas de pigments biliaires.

Une autre réaction des pigments biliaires encore plus sensible se fait en plaçant dans un verre à pied quelques centimètres cubes d'urine et laissant tomber à la surface de la teinture d'iode diluée au 1/10, on obtient au bout d'un instant un anneau vert pré très net.

Cependant certaines urines, contenant très peu de pigments, ne donnent pas les réactions ci-dessus, et il faut extraire le pigment par le chloroforme et faire la réaction de Gmelin sur ce dernier ; les anneaux sont alors renversés, et l'anneau *vert pré* est le dernier en regardant de bas en haut.

Enfin on peut encore traiter l'urine par un lait de chaux, on recueille le dépôt qu'on met en suspension dans de l'alcool, on ajoute de l'acide sulfurique dilué, les pigments biliaires mis en liberté se dissolvent dans l'alcool qu'ils colorent en vert jaunâtre.

On caractérise les acides et sels biliaires par la réaction de Pettenkoffer modifiée par Udransky : on place dans une capsule de porcelaine un peu d'urine filtrée et débarrassée d'albumine, si elle en contient, on ajoute une goutte d'une solution de furfurol au 1/10 puis environ 1 centimètre cube d'acide sulfurique concentré, on agite, la température s'élève on chauffe un peu et avec prudence de façon à obtenir envion 70° et alors on voit se développer une magnifique coloration pourpre en présence des acides ou sels d'acides biliaires.

Lorsque l'urine renferme peu d'acides biliaires, il faut avoir recours au procédé donné par Vitali : 3 à 400 centimètres cubes d'urine sont agités avec du sulfure de plomb fraichement précipité, on filtre et ajoute au filtratum un peu d'une solution d'albumine, on acidule par l'acide acétique, et porte à l'ébullition. L'albumine se coagule et entraine avec elle les acides biliaires : on recueille le précipité sur un filtre et on le fait bouillir dans de l'alcool absolu. La liqueur alcoolique est évaporée à sec, on ajoute au résidu une goutte d'une solution de furfurol au 1/10, puis de l'acide sulfurique, on a en présence des acides biliaires une coloration rouge pourpre.

Il existe des procédés physiologiques très sensibles pour rechercher les acides biliaires, ils sont fondés sur la propriété, que possèdent les acides biliaires, de retarder ou même d'arrêter les battements du cœur. Pour faire cette recherche on évapore à sec 1 litre d'urine, on traite le résidu par l'alcool fort, on distille ce dernier ; on reprend l'extrait alcoolique par l'eau et ajoute du sous-acétate de plomb ammoniacal ; on recueille le précipité qu'on épuise ensuite par l'alcool bouillant qui dissout les sels biliaires plombiques.

On élimine le plomb par le carbonate de soude dans la solution alcoolique et évapore à sec; on reprend par de l'eau légèrement alcalinisée par le carbonate de soude; cette dernière solution doit contenir les sels d'acides biliaires, il ne reste plus qu'à essayer leur action sur le cœur.

On prend une grenouille, on met le cœur à nu et on annihile l'action du vague gauche en déposant sur le cœur une goutte d'atropine au 1/100, puis on laisse tomber goutte à goutte la solution provenant du traitement de l'urine; en présence des acides biliaires on voit les contractions cardiaques s'affaiblir de plus en plus pour cesser complètement si la dose de poison a été suffisante; si au contraire la dose de poison est insuffisante, les contractions, après s'être ralenties quelque temps, reprennent et deviennent de plus en plus rapides.

L'urobiline existe normalement dans les urines en très petite quantité, elle augmente dans certaines maladies et il existe des cas où l'urine donne directement les réactions de ce corps.

Pour rechercher l'urobiline on ajoute à l'urine de l'ammoniaque puis du chlorure de zinc tant que le précipité se dissout, le liquide présente alors une belle fluorescence verte que l'addition d'un acide fait disparaître.

Cette méthode ne donne pas toujours de bons résultats et il faut employer de préférence le procédé suivant : on ajoute à 20 centimètres cubes d'urine 10 centimètres cubes d'une solution contenant pour 100 centimètres cubes d'eau distillée 5 grammes d'oxyde rouge de mercure et 20 centimètres cubes d'acide sulfurique, on agite vivement et filtre au bout de quelques instants.

Le liquide clair, examiné au spectroscope, présente, en cas d'urobiline, une bande noire en avant de la raie F (fig. 14, X).

Dans certains cas de fièvres, on constate dans le spectre une autre bande à côté de la bande principale (fig. 14, Y).

Voici un procédé qui permet d'apprécier la quantité d'urobiline renfermée dans l'urine à plusieurs jours d'intervalle : 100 centimètres cubes d'urine sont agités dans un entonnoir à séparation avec 15 centimètres cubes de chloroforme et X gouttes d'acide chlorhydrique, après un repos suffisant, on décante la couche de chloroforme et évapore à sec; on reprend par l'alcool absolu, filtre et ajoute une solution sirupeuse de chlorure de zinc, qui donne avec l'urobiline une coloration verte dichroïque; il suffit alors de comparer la coloration ainsi obtenue avec celle que l'urine donnait quelques jours auparavant dans les mêmes conditions pour se rendre compte si la proportion d'urobiline a augmenté ou diminué.

Pathologie. — Les pigments et acides biliaires se rencontrent dans les urines toutes les fois qu'il y a un obstacle dans les canaux biliaires ou même seulement compression de ces derniers.

L'urobiline augmente considérablement dans toutes les affections fébriles, dans les affection accompagnées d'une destruction partielle du globule sanguin (cirrhose du foie, scorbut, épanchements sanguins) dans l'empoisonnement par le phosphore.

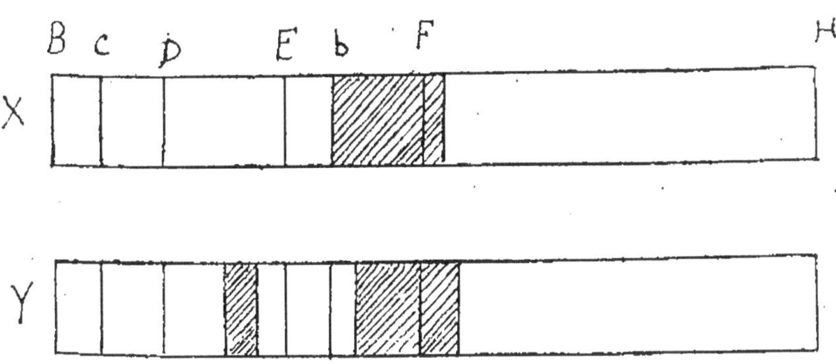

Fig. 14. — X, Spectre de l'urobiline normale; Y, Spectre de l'urobiline fébrile.

11° Sang. — Lorsque la proportion de sang est élevée, les urines ont une teinte rouge intense, mais souvent elles ne présentent aucune anomalie dans leur coloration; pour rechercher le sang on commence par faire une *réaction de probabilité*, qui consiste à agiter l'urine avec quelques gouttes d'essence de térébenthine ozonisée et de la teinture de gaïac fraîche; on obtient une coloration bleue en présence du sang; si cette réaction est positive, il faut caractériser le sang par les *réactions de certitude* qui sont les suivantes : l'urine examinée au spectroscope offrira les 2 bandes d'absorption de l'oxyhémoglóbine, puis traitée par le sulfure ammonique, elle ne présentera plus qu'une bande répondant à l'hémoglobine réduite (fig. 41).

Quelquefois on trouve de la méthémoglobine (voir plus bas méthémoglobine dans le sang).

Ensuite on recherchera les cristaux d'hémine en opérant ainsi : l'urine additionnée d'un peu de soude caustique est portée à l'ébullition, on recueille sur un filtre le précipité formé et on le lave à l'eau chargée d'acide acétique.

On étend ensuite ce précipité sur une lamelle porte-objet, on ajoute une goutte d'une solution de chlorure de sodium au 1/1000 et une goutte d'acide acétique, on dessèche lentement, on recouvre d'une lamelle couvre-objet, fait pénétrer de l'acide acétique sous la lamelle et évapore ; on recommence la même opération 2 ou 3 fois, puis on recherche au microscope les cristaux caractéristiques de *chlorhydrate d'hématine* ou *cristaux d'hémine* (fig. 39). On peut aussi traiter l'urine par l'acide picrique, recueillir le précipité, le laver et le traiter comme ci-dessus pour faire les cristaux d'hémine (F. Gros). Enfin on fait déposer l'urine dans un verre et recherche au microscope la présence des globules sanguins (fig. 33).

Pathologie. —La présence du sang dans les urines peut être interprétée de plusieurs façons. Si l'on constate la présence des globules sanguius. on a affaire à des hémorragies de la vessie ou à l'hématurie des pays chauds; si on constate seulement la présence de l'hémoglobine par les réactions spectroscopiques ou par les cristaux d'hémine, c'est l'hémoglobinurie ; cependant quelquefois les globules sanguins sont complètement dissous et la présence du sang n'est pas due à l'hémoglobinurie ; il faudra donc être très prudent dans les conclusions.

12° Pus. — Lorsque l'urine renferme peu de pus, l'aspect n'a rien de particulier, mais dès que la proportion est un peu élevée, elle est trouble et l'aspect est un peu laiteux, mais si la quantité est considérable, l'urine se sépare par le repos en 2 couches : l'une supérieure un peu opaline et l'autre inférieure, formée par *le pus*, visqueuse et blanche ; en règle générale toutes les urines qui renferment du pus sont plus ou moins albumineuses.

On caractérise le pus surtout par l'examen microscopique (voir plus bas).

Pathologie. — La présence du pus dans l'urine est le signe d'une suppuration du rein, ou des urtères, ou de la vessie, ou seulement de l'urètre.

13° Inosite et matières grasses. — L'inosite se rencontre dans quelques urines sucrées ou albumineuses, c'est généralement un pronostic grave.

Pour rechercher l'inosite on commence par éliminer complètement l'albumine, puis on évapore à sec, on arrose le résidu avec une solution faible de nitrate mercurique ; on obtient un précipité blanc, qu'on étale sur les bords de la capsule ; ce précipité devient rouge foncé par la chaleur, cette coloration disparaît à froid et reparaît à chaud.

Les matières grasses sont assez rares dans les urines, celles qui en contiennent ont l'aspect d'une émulsion assez homogène ; examinées au microscope, elles laissent apercevoir des globules graisseux, très réfringents et se colorant très bien avec la teinture d'orcanette.

Ces urines agitées avec du chloroforme ou de l'éther s'éclaircissent, car la matière grasse se dissout dans ces véhicules.

Au point de vue pathologique, la présence des matières grasses dans l'urine indique une dégénérescence graisseuse du rein, ou la présence de parasites dans l'appareil urinaire.

14° Carbonates. — L'urine contient des carbonates, lorsqu'elle fait effervescence avec les acides forts, ces urines sont alcalines, et le dosage des carbonates y présente quelque intérêt ; pour cela on prend 20 centimètres cubes d'urine qu'on additionne de 40 centimètres cubes d'une solution formée à parties égales d'eau de baryte saturée et d'une solution saturée de chlorure de baryum ; on laisse déposer 24 heures, on recueille le précipité de carbonate de baryte sur un filtre et on le lave avec un peu d'eau distillée ; on l'introduit encore humide dans l'appareil de Bobierre (voir plus bas) et on dose l'acide carbonique.

Pathologie. — L'urine normale étant acide ne contient pas de carbonates, et on ne trouve des carbonates que dans les urines alcalines, or ces dernières peuvent provenir d'une médication alcaline ou d'une fermentation de l'urée dans la vessie.

15° Phénols. — Les phénols, quoiqu'ils existent en petites quantités dans l'urine normale, peuvent augmenter et constituer alors un élément anormal.

Pour doser les phénols dans l'urine, on prend 500 centimètres cubes de ce liquide qu'on additionne de 5 centimètres cubes d'acide chlorhydrique, on chauffe au réfrigérant ascendant pendant quelque temps ; on distille de façon à retirer 250 centimètres cubes de liquide, qu'on distille une seconde fois pour retirer environ 150 centimètres cubes de liquide.

On sature ce distillat par la soude exactement. D'autre part on prépare une solution d'hypobromite de soude en dissolvant 8 grammes de soude caustique dans un litre d'eau et ajoutant par petites portions 5 grammes de brome ; on titre cette liqueur avec une solution de phénol pur à 0,10 par litre, on prend pour cela 2 centimètres cubes de la solution d'hypobromite de soude et on laisse tomber goutte à goutte la solution de phénol jusqu'à ce qu'une goutte prélevée dans le liquide ne donne plus de coloration bleue avec le papier amido-ioduré ; on en

7.

déduit le titre de la solution d'hypobromite de soude.

Pour appliquer le procédé à l'urine, on prend 2 centimètres cubes de la solution d'hypobromite de soude et on laisse tomber goutte à goutte, à l'aide d'une burette de Mohr le distillat neutralisé, jusqu'à ce qu'une goutte du liquide ne donne plus de coloration bleue avec le papier amido-ioduré ; on en déduit facilement la quantité de phénols contenus dans 500 centimètres cubes d'urine et enfin dans 1 litre.

Pathologie. — L'augmentation des phénols urinaires indique toujours un mauvais état du tube digestif, ce sont les fermentations, qui ont lieu dans le tube digestif, qui sont la source des phénols urinaires.

16° Tyrosine. — La tyrosine est un élément normal de l'urine, mais, d'après Ulrich, ce corps n'existerait pas dans l'urine des malades atteints de diabète pancréatique ; de là l'importance de rechercher la tyrosine dans l'urine des diabétiques. Pour cela on évapore à sec l'urine, et on carbonise le résidu dans une capsule de porcelaine, recouvert d'un entonnoir de verre ; la tyrosine se sublime et se dépose sur les parois de l'entonnoir sous forme de cristaux caractéristiques (fig. 25, I.)

§ 7. — EXAMEN MICROSCOPIQUE

Pour faire l'examen microscopique d'une urine, on commence par la laisser déposer pendant une heure ou deux dans la bouteille ou le vase qui a servi à la recueillir, puis on décante le liquide surnageant et le dépôt est versé dans un verre à champagne. Souvent ce dépôt est presque nul, on ne voit que quelques particules en suspension.

Après un repos suffisant on prélève à l'aide d'une pipette très effilée une parcelle du dépôt ; pour cela on enfonce la pipette au fond du liquide en ayant soin de la fermer avec le doigt, puis on aspire légèrement ; on dépose une goutte du liquide sur une lamelle porte-objet (on doit faire 5 ou 6 préparations). Celles qui doivent être examinées sans coloration sont recouvertes d'une lamelle couvre-objet ; les autres sont colorées en déposant sur la lamelle couvre-objet une goutte d'une solution faible de bleu de méthyle puis recouvrant la goutte de dépôt avec la lamelle de façon que les deux surfaces liquides soient en contact ; les éléments du dépôt se colorent ainsi et d'une façon très uniforme, si on a soin de remuer un peu la lamelle couvre-objet. On doit ensuite examiner les préparations d'abord avec une faible grossissement (objectif 2 ou 3 Verick) puis à un fort grossissement (objectif 6 ou 7 Verick). Les sédiments que l'on trouvera sont divisés en deux catégories :

1° Sédiments non organisés ;

2° Sédiments organisés.

1° **Sédiments non organisés.** — Deux cas sont à considérer : *a)* l'urine est acide ; *b)* l'urine est alcaline.

a) *l'urine est acide.* — On trouve : 1° des cristaux

FIG. 15. — Acide urique.

FIG. 16. — Acide urique.

d'acide urique colorés en rouge brun à formes cris-
tallines diverses (fig. 15, 16, 17) ; 2° des cristaux d'u-

Fig. 17. — Acide urique.

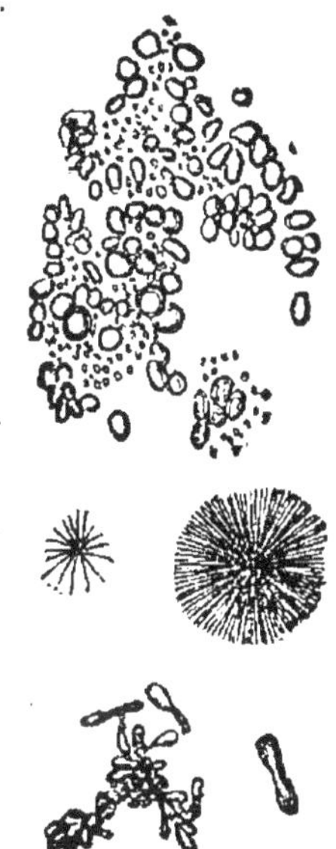

Fig. 18.
Urate acide de soude.

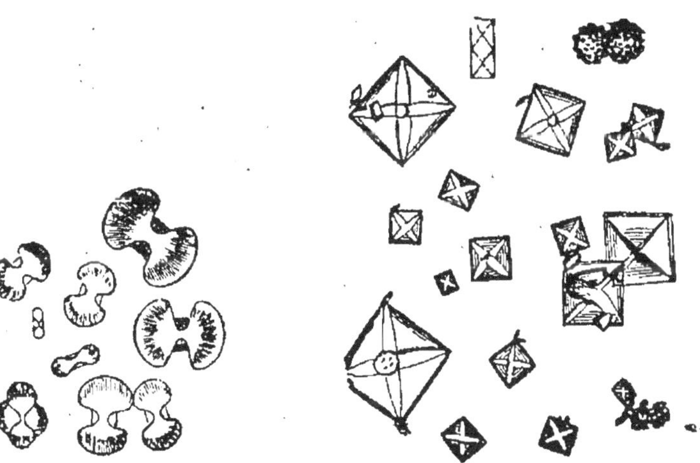

Fig. 19. — Oxalate de chaux.

rate acide de soude jaunes ou rouges, mal cristalli-
sés (fig. 18) ; 3° des cristaux d'oxalate de chaux
(fig. 19) on les rencontre également dans les urines
alcalines ; 4° de l'acide hippurique (fig. 20) ; 5° du

Fɪɢ. 20. — Acide hippurique (G. Mercier).

sulfate de chaux (fig. 21), ces deux derniers sédiments
sont assez rares ; 6° du phosphate bicalcique (fig. 22).

b) *L'urine est alcaline*. — On peut trouver : 1° des
cristaux de phosphate ammoniaco-magnésien en formes de cercueils (fig. 23) ; 2° des cristaux de phos-

phate bicalcique (fig. 22), semblables à ceux qu'on rencontre dans l'urine acide ; 3º du phosphate tricalcique en fines granulations (fig. 22); 4º du sulfate de chaux (fig. 21); 5º de l'oxalate de chaux (fig. 19), ces

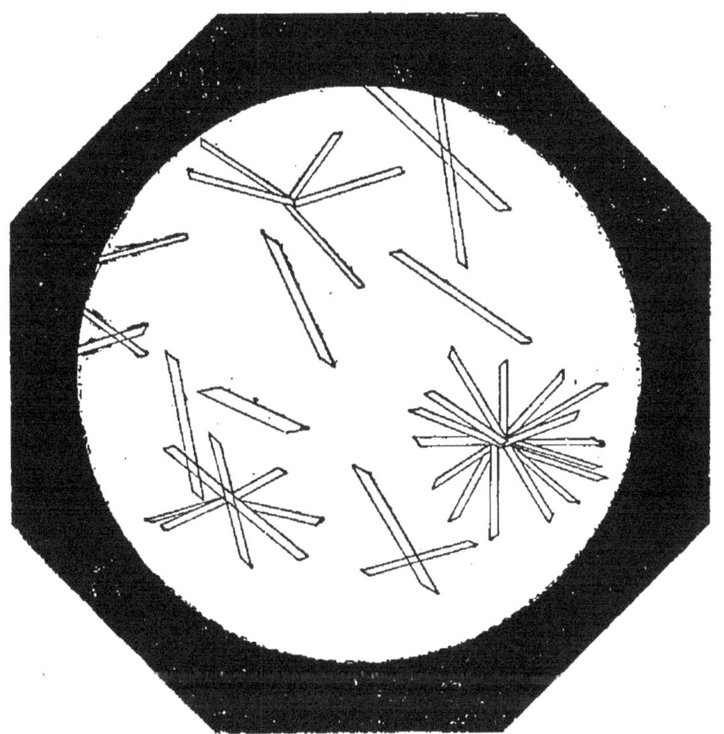

Fig. 21. — Sulfate de chaux (G. Mercier).

deux derniers se rencontrent aussi dans l'urine acide ; 6º des cristaux d'urate d'ammoniaque en forme de sphères colorées en jaune (fig. 24).

Observations. — On rencontre quelquefois dans les urines acides ou alcalines de la cystine cristal lisée en plaques, de la leucine dont les cristanx très fins sont agglomérés et forment de petites sphères, de l'indigo avec sa couleur bleue et énfin la tyrosine cristallisée en fines aiguilles (fig. 25).

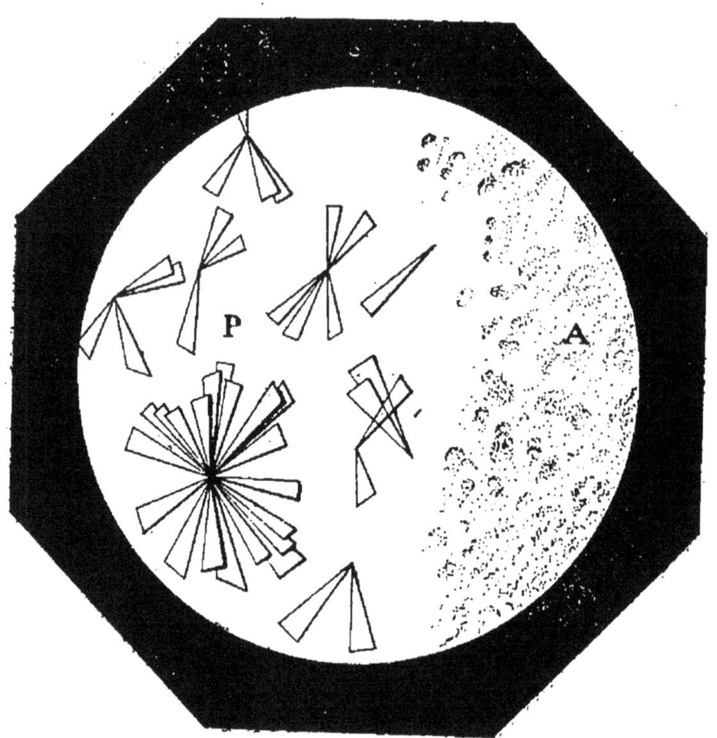

Fig. 22. — P, phosphate bicalcique.
A, phosphate tricalcique amorphe (G. Mercier).

Pathologie. — La présence de ces différents sédiments dans l'urine indique la plupart du temps une altération dans la composition de ce liquide ; cependant il faut remarquer que toutes les urines, abandonnées au repos dans un lieu froid, laissent déposer

Fig. 23. — Phosphate ammoniaco-magnésien ; T, forme
ordinaire ; R, forme rare (G. Mercier).

un sédiment, on devra tenir compte de ce fait dans
l'interprétation des résultats.

Fig. 24. — Urate d'ammoniaque

Quant à la signification pathologique je renvoie le

lecteur à la partie de ce livre où j'étudie ces éléments dans l'urine.

2° Sédiments organisés. — Comme pour les sédiments non organisés on les examine à deux grossissements; mais on les reconnaîtra surtout dans les

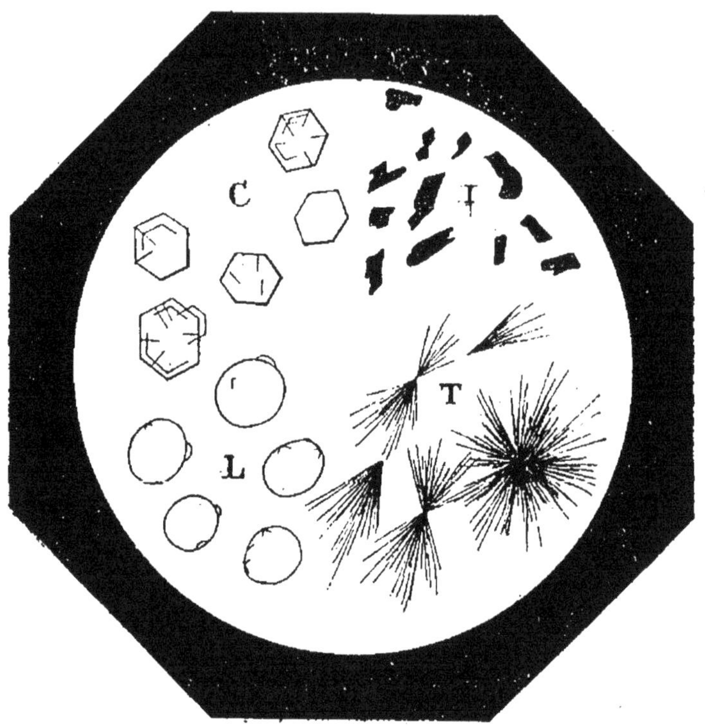

Fig. 25. — C, cystine ; T, tyrosine ; L, leusine ; I, indigo.
(G. Mercier).

préparations colorées, car ils prennent facilement la matière colorante ce qui n'a pas lieu pour les cristaux généralement. On divise les sédiments organisés en :

a) éléments histologiques ;

b) éléments microbiens ;

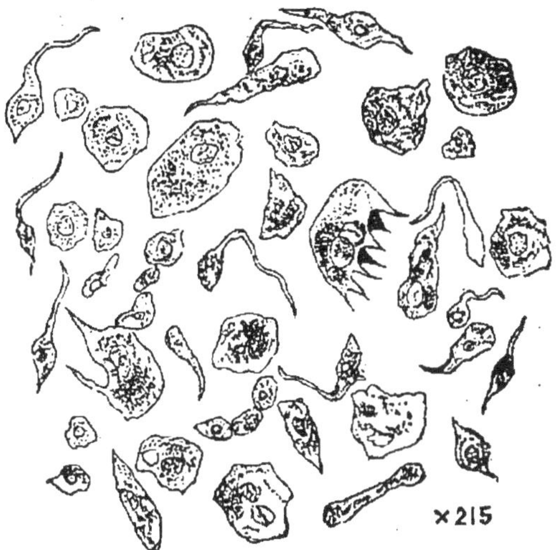

Fig. 26. — Cellules épithéliales de la vessie.

Fig. 27. — Cellules épithéliales du vagin.

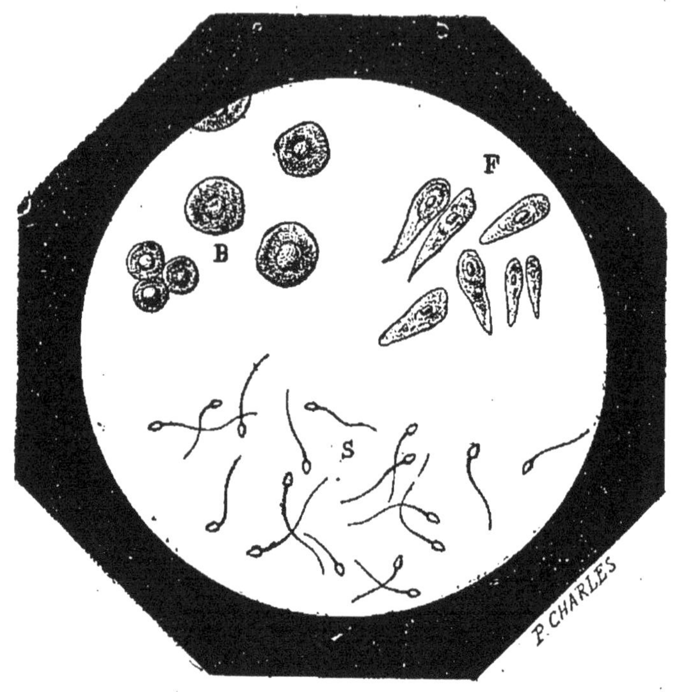

Fig. 28. — B et F, cellules du bassinet ; S, spermatozoïdes
(G. Mercier).

Fig. 29. — Cellules cancéreuses.

a) *Éléments histologiques*. — On peut constater :
1° des cellules épithéliales de la vessie, du vagin, de
l'urètre (fig. 26 et fig.27), leur présence n'a aucune
importance, toutefois si la quantité en est considérable, on doit supposer une lésion de ces organes ;

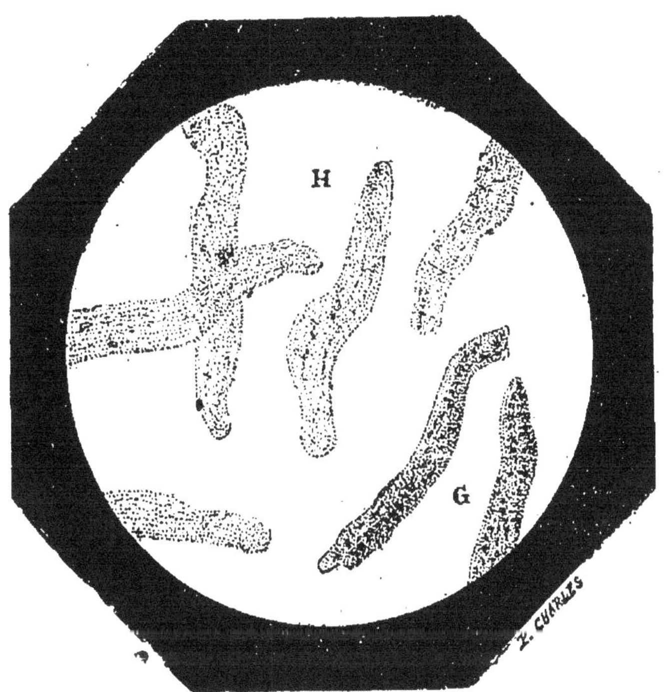

Fig. 30. — H, cylindres hyalins ; G, cylindres granuleux
(G. Mercier).

2° cellules du bassinet (fig. 28), c'est généralement
un signe d'une affection rénale ; 3° cellules cancéreuses dont la présence a une signification toute spéciale (fig. 29) ; 4° des cylindres hyalins ou granuleux

(fig. 30) que l'on aperçoit assez bien sur les préparations colorées ; sur les préparations non colorées, ils
apparaissent complètement incolores, et sont diffi-
ciles à voir ; on les rencontre dans beaucoup d'u-
rines albumineuses ; leur présence indique une

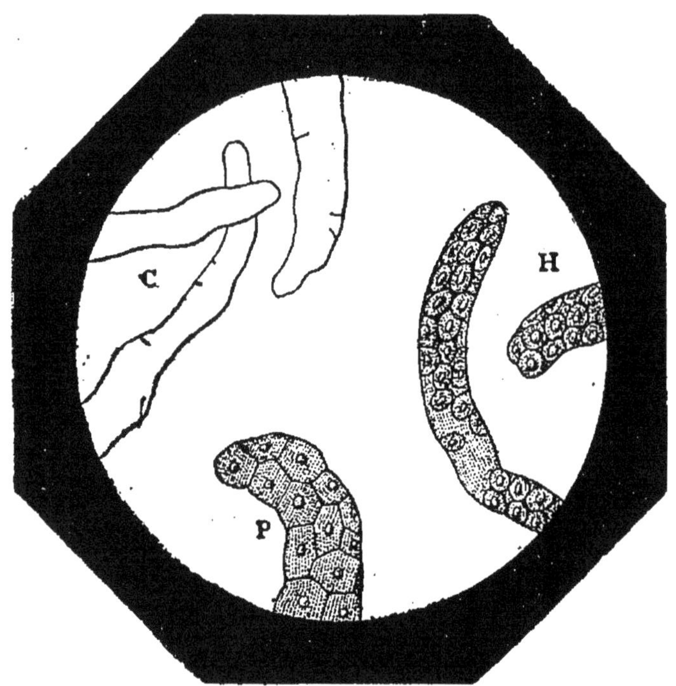

Fig. 31. — C, cylindres cireux ; H, cylindres hémorragiques ;
P, cylindres épithéliaux (G. Mercier).

néphrite qui n'est pas très grave ; 5° des cylindres
épithéliaux, hémorragiques et cireux (fig. 31). Les
cylindres hémorragiqnes sont les plus fréquents, ils

sont très colorés et se reconnaissent facilement à
leur contenu qui est de l'hémoglobine en fines granulations, ce n'est pas, comme on pourrait le croire,
des globules sanguins ; ils sont le signe
d'une néphrite grave ; 6° des éléments
cylindroïdes (fig. 32), sortes de rubans
très irréguliers, c'est un produit de la
sécrétion de l'épithélium urinaire. On
les rencontre dans la scarlatine et dans
certaines néphrites.

Fig. 32.
Cylindroïdes.

OBSERVATIONS. — Pour rechercher
les cylindres dans l'urine, il faut examiner cette dernière aussitôt après l'émission, car
ils se désagrègent rapidement et disparaissent.

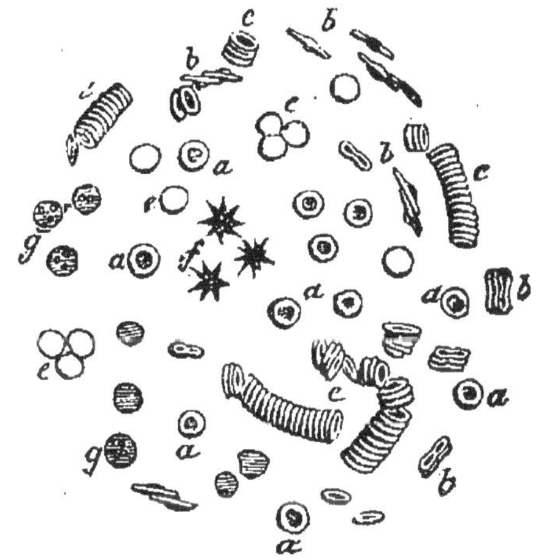

Fig. 33. — Globules rouges. — *a,* vue de face ; *b,* vue de profil.

7° Des globules de sang (fig. 33) plus ou moins déformés, et surtout reconnaissables à leur teinte jaune ;

lorsqu'on trouve des globules de sang dans l'urine, c'est l'indice soit d'une hémorragie dans la vessie ou bien dans le rein ; 8° des globules de pus, à bords

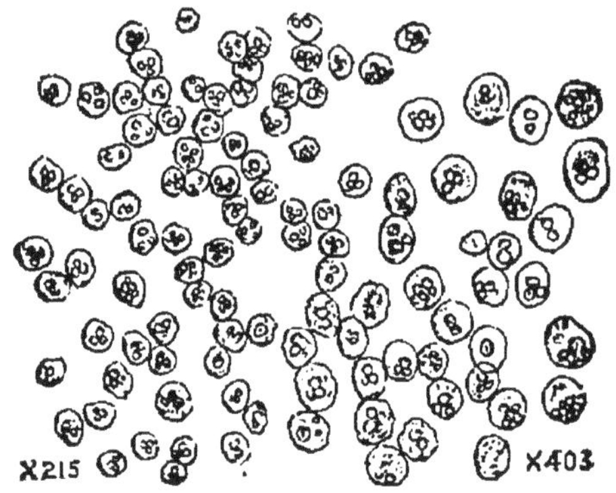

FIG. 34. — Pus traité par l'acide acétique.

crénelés, à contenu granuleux et très réfringent ; l'acide acétique fait apparaître les noyaux (fig. 34). Au point de vue pathologique les globules de pus

FIG. 35.
Mucus.

indiquent une suppuration d'une partie de l'appareil urinaire ; la plupart du temps il est impossible de dire si le pus provient de la vessie ou du rein ; cependant dans les cas de cystites du col si on recueille les dernières portions d'urine, elles ne contiennent pas de pus, tandis que c'est l'inverse pour les premières portions, c'est un moyen de diagnostiquer la cystite du col ; 9° des spermatozoïdes reconnaissables à leur forme allongée (fig. 28) ; 10° du mucus qu'on rencontre souvent et qui ne présente rien de particulier au point de vue pathologique (fig. 35).

Il me reste à signaler un certain nombre de corps étrangers, que l'on trouve souvent dans les dépôts urinaires, ce sont : des poils, des cheveux, des fibres de laine, coton, des grains d'amidon, etc.

b) *Éléments microbiens*. — A côté des éléments microbiens, il faut signaler les parasites pathogènes ou non pathogènes, qu'on rencontre quelquefois dans l'urine. Les principaux sont les suivants : les échinocoques, ce sont des vésicules formées par une membrane remplie d'un liquide séreux ; la distoma hematobia dont les œufs mélangés de sang se rencontrent dans les urines ; la filaria sanguinis, larve présentant une tête tronquée et surmontée d'un appendice ressemblant à une langue.

Lorsqu'on doit faire l'examen bactériologique d'une urine, il est indispensable de la recueillir dans des récipients parfaitement stérilisés ; les principaux microbes que l'on peut trouver dans l'urine sont : le bacille de la tuberculose, le gonocoque de Neiser, et autres micrococcus [1]. Lorsque les urines ont subi le contact de l'air, on peut y rencontrer un grand nombre de microbes et surtout des levures.

1. Voir guide pour les analyses de bactériologie clinique, par Feltz.

Martz. — Chimie physiologique.   8

§ 8. — CONCLUSIONS

Les concluions que le chimiste doit tirer de l'examen d'une urine, portent d'abord sur les caractères organoleptiques, le dépôt et les éléments normaux ; on doit signaler par exemple les éléments normaux qui sont en proportion trop faible ou trop élevée ; on s'aide pour ce travail du tableau page 10 qui donne la composition moyenne de l'urine.

Ensuite le chimiste signalera les éléments anormaux avec leur quantité, s'il est possible, et le résultat de l'"examen microscopique.

C'est là que se bornent les conclusions que devra donner le chimiste, c'est au médecin de les interpréter et de les appliquer au diagnostic de la maladie.

§ 9. — COEFFICIENTS URINAIRES DIVERS

Il arrive fréquemment que le médecin demande au chimiste la détermination de certains coefficients ou rapports urinaires dont la connaissance aide au diagnostic, c'est pourquoi j'ai pensé qu'il était bon de les sigaler.

Je ne parlerai pas du coefficient d'oxydation des matériaux azotés qui a été décrit plus haut et je résume dans le tableau suivant les principaux rapports urinaires tels qu'ils existent à *l'état normal* dans l'urine.

Rapport de l'urée aux matières solides. . .   50 p. 100.
Rapport de l'acide urique à l'urée. . . . .   2,5 p. 100.
Rapport de l'acide phosphorique à l'urée .   12,5 p. 100.
Rapport de l'acide phosphorique à l'azote total.   18 p. 100.
Rapport du chlore à l'urée. . . . .   40 p. 100.

A côté de ces rapports urinaires, on a établi un coefficient de toxicité urinaire ou coefficient urotoxique, il résulte en effet de travaux récents que l'urine est plus ou moins toxique suivant l'état de santé de l'individu.

On donne le nom de *coefficient urotoxique de Bouchard* au poids en kilogramme de lapin qui est tué par l'injection de la quantité prélevée sur l'émission des 24 heures de l'individu et correspondant elle-même à 1 kilogramme du poids de son corps.

Pour déterminer ce coefficient, on prend un lapin d'un poids connu, et on lui injecte dans une veine de l'oreille l'urine filtrée, on se sert à cet effet d'une seringue portant un robinet à 3 voies, qui met en communication avec l'aiguille le piston et un tube adducteur pour puiser l'urine ; l'injection doit être faite très lentement.

Le coefficient urotoxique est de 0,46 chez l'homme sain, et dans les cas pathologiques il oscille entre 0,1 et 2.

§ 10. — RECHERCHE DE QUELQUES MÉDICAMENTS DANS L'URINE

Beaucoup de médicaments passent dans l'urine et s'y éliminent soit en nature soit partiellement modifiés ; la recherche de tous les médicaments dans l'urine demanderait un développement considérable, et le cadre de cet ouvrage ne me permet pas d'entrer dans tous ces détails, c'est pourquoi je ne donnerai que les procédés de recherche des médicaments les plus usuels.

ALCALOÏDES. — La recherche des alcaloïdes est très compliquée et il faut suivre la marche générale donnée dans les traités de toxicologie, qui consiste à évaporer presque à sec l'urine, acidulée par l'acide tartrique et à soumettre le résidu à l'action des principaux dissolvants, qui enlèvent les alcaloïdes qu'on caractérise.

ANTIPYRINE. — L'urine est portée à l'ébullition pendant quelques instants, pour détruire l'acide acétyl-acétique (si l'urine en contient) ; puis on filtre et on a une coloration rouge avec le perchlorure de fer en présence de l'antipyrine. L'antipyrine gêne pour le dosage du glucose par la liqueur de Fehling ; on doit avoir recours au dosage par le polarimètre ou par la liqueur d'Ost mais dans les deux cas les résultats sont inexacts : quand on a à caractériser le glucose dans des urines contenant de l'antipyrine, il est indispensable de faire la réaction avec le chlorhydrate de phénylhydrazine.

ARSENIC. — On emploie l'appareil de Marsh, en ayant soin de détruire les matières organiques par l'acide sulfurique et azotique, on opère sur 1 litre d'urine au moins.

BROMURES. — On évapore à sec 5 à 600 centimètres cubes d'urine additionnés d'un peu de carbonate de soude et nitrate de potasse, on incinère au rouge sombre et reprend par l'eau bouillante. On neutralise par l'acide chlorhydrique, ajoute un peu de chloroforme et de l'eau de chlore, on agite, le chloroforme se colore en jaune en présence des bromures.

CHLORAL. — Les urines des malades ayant absorbé du chloral réduisent fortement la liqueur de Fehling, cela tient à la présence de l'*acide urochloralique* provenant de la combinaison du chloral avec l'acide glycuronique. Ces urines ne fermentent pas et elles dévient vers la gauche le plan de polarisation de la lumière.

CHLOROFORME. — On fait passer un courant d'acide carbonique dans l'urine chauffée vers 50 à 60° et on condense soigneusement les vapeurs à l'aide d'un bon réfrigérant : le liquide distillé est additionné d'alcool, de potasse et de naphtol β, on obtient à chaud une coloration bleue en présence du chloroforme.

8.

IODURES. — On peut les rechercher par le même procédé que l'on emploie pour les bromures ; mais en général on a plutôt recours au suivant : l'urine est additionnée d'un peu de chloroforme puis de son volume d'acide azotique contenant des vapeurs nitreuses, on agite, l'iode est mis en liberté, et vient colorer le chloroforme en violet.

MERCURE. — On prend 1000 à 1500 centimètres cubes d'urine qu'on acidule très légèrement par l'acide sulfurique, et on place le tout dans un entonnoir à robinet dans lequel on a mis une spirale de platine enroulée sur un fil de fer, on laisse écouler l'urine à raison d'une goutte par seconde ; on retire alors le fil de platine, on le lave et sèche et on l'introduit au fond d'un tube à essai, on chauffe légèrement, le mercure se volatilise et vient se déposer sous forme de fines gouttelettes visibles à la loupe ; on peut encore placer au fond du tube une parcelle d'iode métallique et chauffer ; il se forme alors un dépôt rouge de biiodure de mercure où se trouvait précédemment les gouttelettes de mercure.

SALICYLATE DE SOUDE, SALOL ET ACIDE SALICYLIQUE. — L'urine contenant de l'acide salicylique ou ses dérivés donne avec le perchlorure de fer une coloration violette ; mais il vaut mieux extraire l'acide salicylique et le caractériser ensuite ; on opère ainsi : l'urine, acidulée par l'acide chlorhydrique, est agitée doucement avec de l'éther, on décante l'éther, on l'évapore à l'air libre et reprend par l'eau distillée, on obtient alors une magnifique coloration violette avec une solution étendue de perchlorure de fer.

Santonine, rhubarbe et séné. — Après l'absorption de ces médicaments, l'urine est fortement colorée en jaune ; si l'on additionne ces urines de soude, elles prennent une teinte rouge foncé qui persiste plus de 24 heures dans le cas de la rhubarbe ou du séné, mais qui disparaît avec la santonine au bout de quelque temps.

§ 11. — EXEMPLE D'ANALYSE D'URINE

La plupart du temps le médecin demande le dosage ou la recherche d'un ou plusieurs éléments de l'urine ; mais souvent il prescrit l'analyse complète et voici les différentes déterminations qu'il convient de faire.

Analyse d'urine.

Volume en 24 heures :
Couleur :
Odeur :
Aspect :
Réaction :
Densité :

EXAMEN CHIMIQUE DU DÉPÔT

(Indiquer la composition du dépôt d'après l'examen chimique)

ÉLÉMENTS NORMAUX

	Par litre.	En 24 heures.
Résidu fixe à 100°. . .		
Cendres.		
Matières organiques. .		
Acidité exprimée en ou alcalinité exprimée en ammoniaque..		
Urée..		
Acide urique.. . . .		
Azote total.		
Coefficient d'oxydation		
Chlorures exprimés en chlore.		
Phosphates exprimés en acide phosphorique anhydre.		
Ammoniaque.. . . .		

ÉLÉMENTS ANORMAUX

	Par litre.	En 24 heures.
Albumine..		
Glucose..		
Acétone.		

Acide acétyl-acétique *.
Pigments biliaires *.
Acides biliaires *.
Sang *.
Pus *.
Matières grasses *.

EXAMEN MICROSCOPIQUE

(Indiquer les éléments non organisés ou organisés qu'on
a trouvés au microscope)

CONCLUSIONS

* Les corps marqués d'un astérisque sont recherchés
qualitativement et on indique leur présence ou leur absence.

(Voir pour les conclusions page 134.)

CHAPITRE II

LIQUIDES PHYSIOLOGIQUES

§ 1. — SUC GASTRIQUE

Avant d'aborder l'analyse du suc gastrique, il est nécessaire de donner quelques renseignements sur les procédés qu'on emploie pour recueillir ce liquide. Le malade étant à jeun depuis la veille, on lui donne un repas d'épreuve composé généralement de 35 grammes à 70 grammes de pain blanc et d'environ 300 grammes d'eau ou de thé léger ; souvent on ajoute 50 grammes à 60 grammes de viande cuite; ces formules varient à l'infini suivant les auteurs.

Après 1 heure ou 2 heures, on vide l'estomac au moyen de la pompe stomacale, et c'est ce liquide, mélangé de débris alimentaires, qu'on soumet au chimiste pour en faire l'analyse.

L'analyse d'un suc gastrique peut être divisée en 7 parties :

1º Caractères organoleptiques ;

2º Analyse chimique ;

8º Analyse physiologique ;

4º Recherche des produits de la digestion stomacale ;

5º Recherche des éléments anormaux ;

6º Examen microscopique ;

7º Conclusions.

1º Caractères organoleptiques. — Ils comprennent :

a. Aspect ;

b. Odeur ;

c. Couleur ;

d. Densité ;

e. Réaction.

a. *Aspect.* — L'aspect varie naturellement avec la composition du repas d'épreuve ; dans tous les cas on laisse le liquide déposer dans une éprouvette et on note la présence des éléments anormaux facilement reconnaissables tels que : sang, mucus, pus, bile, etc.. enfin on signale s'il fermente.

b. *Odeur.* — A l'état normal l'odeur est faible, mais dans les cas pathologiques on peut percevoir des odeurs d'acides butyrique, sulfhydrique, acétique, ou même quelquefois des odeurs ammoniacales.

c. *Couleur.* — On note la couleur après filtration, incolore ou légèrement teinté en jaune à l'état normal, on le trouve vert brun, ou noirâtre dans certains cas pathologiques.

    d. *Densité.* — On la détermine au moyen d'un petit densimètre, elle oscille entre 1,010 et 1,020.

    e. *Réaction.* — On la détermine qualitativement au moyen du papier de tournesol, elle doit être franchement acide.

    2° Analyse chimique. — On doit faire les opérations suivantes :

    a. Recherche qualitative de l'acide chlorhydrique libre.

    b. Recherche qualitative de l'acide lactique libre.

    c. Dosage de l'acidité totale.

    d. Dosage de l'acidité organique.

    e. Dosage du chlore sous ses trois états.

    f. Dosage de l'acide chlorhydrique libre.

    a. *Recherche qualitative de l'acide chlorhydrique libre.* — Une certaine quantité de suc gastrique filtré est additionnée de quelques gouttes de *vert brillant* à 1/1000, sa coloration vire du bleu paon au vert jaune en présence de l'acide chlorhydrique libre (Lépine).

Avec une solution de rouge Congo on a une coloration qui va du violet au bleu suivant la quantité d'acide chlorhydrique libre.

Mais la meilleure réaction est celle de Günsburg, dont le réactif se prépare en dissolvant dans 30 grammes d'alcool absolu 2 grammes de phloroglucine et 1 gramme de vanilline ; voici comment se fait cette réaction : dans une petite capsule de porcelaine, on met 5 à 6 gouttes de suc gastrique et autant de réactif, on chauffe légèrement vers 50°, et bientôt on voit se développer dans la capsule une magnifique coloration rouge en présence de l'acide chlorhydrique libre, c'est une réaction très sensible.

b. *Recherche qualitative de l'acide lactique.* — On commence par éliminer la majeure partie de l'acide chlorhydrique libre en portant le suc gastrique à l'ébullition, car une quantité d'acide chlorhydrique supérieure à 2/1000 gène la réaction ; dans un verre à pied on place 10 centimètres cubes environ de réactif d'Uffelmann ainsi composé : Eau 20 centimètres cubes, solution de phénol à 4/100 10 centimètres cubes, perchlorure de fer une goutte ; on ajoute un peu de suc gastrique bouilli et refroidi et de suite on voit la couleur bleue du réactif passer au jaune plus ou moins intense suivant la proportion d'acide lactique renfermée dans le suc gastrique.

c. *Dosage de l'acidité totale.* — 10 centimètres cubes de suc gastrique filtré sont additionnés d'une goutte d'une solution alcoolique de phtaléine du phénol sensibilisée, et on laisse tomber avec une burette de Mohr de la solution de soude N/10 jusqu'à ce que la solution vire au rose ; en multipliant le nombre de centimètres cubes trouvés par 0,00365 × 100, on a l'acidité exprimée en acide chlorhydrique par litre de suc gastrique.

d. *Dosage de l'acidité organique.* — Les 10 centimètres cubes de suc gastrique qui viennent d'être neutralisés sont évaporés à sec dans une capsule de platine, on calcine au rouge sombre, on reprend le résidu par l'eau distillée bouillante ; et on dose l'alcalinité du liquide ainsi obtenu par de l'acide sulfurique N/10 en présence de la phtaléine du phénol. Le nombre de centimètres cubes trouvés, multiplié par $0,009 \times 100$, donne l'acidité par litre de suc gastrique, exprimée en acide lactique. (Ce procédé donne généralement des nombres trop forts.

e. Dosage du chlore sous les 3 états ; méthode de Hayem et Winter. — Dans trois petites capsules de platine ou de porcelaine A, B et C, on place dans chacune 10 centimètres cubes de suc gastrique (ou même 5 centimètres cubes).

La capsule A est additionnée d'un peu d'une solution concentrée de carbonate de soude, on évapore à sec au bain-marie, on calcine au rouge sombre en évitant les projections, on reprend par l'eau distillée acidulée par l'acide azotique, on neutralise par du carbonate de chaux exempt de chlorure, et on dose le chlore par l'azotate d'argent N/10 en présence du chromate de potasse (Voir urines, page 55).

La capsule B est évaporée au bain-marie, et après dessiccation complète, on ajoute une solution concentrée de carbonate de soude, on évapore à sec, calcine et dose le chlore comme il est dit plus haut.

Enfin la capsule C est évaporée à sec, puis calcinée et on dose le chlore dans le résidu.

Si l'on représente par a, b et c le nombre de centimètres cubes d'azotate d'argent N/10 employés pour doser le chlore dans les 3 capsules, on peut ainsi formuler les résultats.

a représente l'acide chlorhydrique libre + le chlore organique + le chlore des chlorures.

b représente le chlore organique + le chlore des chlorures.

Donc $a - b =$ acide chlorhydrique libre.

c représente le chlore des chlorures.

$b - c =$ chlore organique.

On a l'habitude de donner les résultats suivants, qu'on obtient facilement d'après les formules ci-après :

Chlore total $= a \times 0,00355 \times 100$.

Acide chlorhydrique libre $= (a - b)\ 0,00365 \times 100$.

Chlore organique $= (b - c)\ 0,00355 \times 100$.

Chlore des chlorures $= c \times 0,00355 \times 100$.

f. *Dosage de l'acide chlorhydrique libre*. — Souvent on se contente de déterminer l'acide chlorhydrique libre, pour cela au lieu d'employer la méthode de Hayem et Winter, qui est trop longue, on a recours au procédé suivant :

10 centimètres cubes de suc gastrique sont additionnés de 25 à 30 gouttes de réactif de Günzburg, puis on ajoute, avec la burette de Mohr, de la soude N/10 et de temps en temps on prélève avec un agitateur une goutte du liquide qu'on chauffe dans une capsule, et on arrête l'addition de soude, lorsqu'il ne donne plus la réaction de Günzburg.

Le nombre de centimètres cubes trouvés, multipliés par 0,00365 et par 100, donne la quantité d'acide chlorhydrique libre contenu dans 1 litre de suc gastrique.

Au point de vue clinique c'est la méthode qui donne les meilleurs résultats.

3° **Analyse physiologique**. — L'analyse physiologique comprend :

a. Recherche de la pepsine ;

b. Recherche du labferment.

a. *Recherche de la pepsine*. — On recherche la pepsine en utilisant la propriété qu'elle possède de digérer les matières albuminoïdes; comme matière albuminoïde on emploie l'albumine de l'œuf cuite ou mieux la fibrine préparée (voir titrage des pepsines). Pour préparer l'albumine d'œuf cuite, on prend un blanc d'œuf cuit, dans lequel on taille des lanières de 0^m,001 d'épaisseur, et on découpe dans ces lanières des petits carrés ayant tous 0^m,005 de côté ; on peut conserver ces petits parallélipipèdes dans la glycérine pure, et il suffit de les laver à grande eau au moment du besoin. Si l'on emploie la fibrine on découpe des petits cubes de même dimension. Quand on recherche la pepsine dans un suc gastrique, 2 cas peuvent se présenter, *ou il donne la réaction de Günzburg, ou bien cette réaction est négative*.

1er Cas. La réaction de Günzburg est positive. — Dans 3 tubes à essai, A, B, C, on place dans chacun 5 centimètres cubes de suc gastrique et un petit morceau d'albumine ou de fibrine préparée comme ci-dessus ; puis on ajoute dans le tube B 5 centimètres cubes d'une solution d'acide chlorhydrique à 2/1000, et dans C quelques centigrammes d'une bonne pepsine ; puis on maintient le tout pendant 5 heures dans une étuve chauffée à 39°.

Si le tube A a digéré l'albumine aussi vite que les autres, c'est que le suc gastrique contient de l'acide chlorhydrique et de la pepsine en quantité suffisante ; si au contraire la digestion est plus rapide dans le tube B, c'est que la proportion d'acide chlorhydrique n'est pas suffisante ; enfin, si c'est le tube C où la dissolution de l'albumine a été la plus prompte, on en concluera qu'il y a manque de pepsine. Enfin, voici un procédé très élégant pour se rendre compte très rapidement des propriétés digestives d'un suc gastrique.

On fait dissoudre 2 grammes d'albumine du commerce dans 100 centimètres cubes d'eau distillée et on ajoute 0,80 d'acide chlorhydrique, on filtre. D'autre part dans 2 ballons A et B on place : 1° dans A 10 centimètres cubes d'eau distillée et 10 centimètres cubes de la solution d'albumine ; 2° dans B 10 centimètres cubes de *suc gastrique* et 10 centimètres cubes de solution albumineuse, on met le tout à l'étuve à 39° pendant 5 heures.

Au bout de ce temps on verse jusqu'au trait U du liquide des ballons A et B dans 2 tubes albuminimètres d'Esbach, on remplit les 2 tubes jusqu'au trait

R. d'une solution d'acide azotique au 1/5 ou d'acide trichloracétique au 1/5 ; on agite doucement *sans produire de mousse* et laisse reposer 12 heures dans une position verticale.

Il suffit alors de lire sur les 2 tubes les quantités d'albumine donnée par l'albuminimètre pour savoir si le suc gastrique a digéré de l'albumine, et par suite s'il contient de la pepsine.

Le dosage des propriétés digestives se fera facilement par le calcul suivant. Si le tube A indique 10 grammes d'albumine par litre, et si le tube B en indique 5 grammes, nous dirons que 5 grammes d'albumine ont été digérés par 500 centimètres cubes de suc gastrique et 1 litre de suc gastrique en digérera 10 grammes. Ce procédé de dosage n'est assurément qu'approximatif, mais, vu sa simplicité, il peut rendre de grands services en clinique.

2° La réaction de Günzburg est négative. — On ajoute au suc gastrique de l'acide chlorhydrique dilué jusqu'à ce qu'on obtienne la réaction de Günzburg et on est ainsi ramené au cas précédent ; on continue comme il est dit plus haut.

b. Recherche du labferment. — A 5 centimètres cubes de lait on ajoute 5 à 6 gouttes de suc gastrique acide, et on maintient le tout à l'étuve à 39° pendant un 1/4 d'heure environ, la coagulation du lait indique la présence du labferment.

4° Recherche des produits de la digestion stomacale.

Les produits de la digestion stomacale qu'on devra rechercher sont :

a. Peptones ;

b. Matières amylacées.

a. *Peptones.* — On chauffe le suc gastrique additionné de son volume d'une solution saturée de sulfate de soude, on filtre, le filtratum donne la réaction du biuret en présence des peptones (voir page 81).

b. *Matières amylacées.* — On traite le suc gastrique par une solution d'iode dans l'iodure de potassium, l'amidon non transformé prend une coloration bleue et l'amidon déjà transformé en dextrine une coloration rouge violacée.

5° Recherche des éléments anormaux. — Les éléments anormaux qu'on peut rencontrer dans le suc gastrique sont :

a. Acide butyrique ;

b. Acide acétique ;

c. Bile ;

d. Suc pancréatique ;

e. Sang.

a. *Acide butyrique.* — On reconnaît généralement cet acide à l'odorat, il rappelle l'odeur de beurre rance ; on peut l'isoler en agitant le suc gastrique avec de l'éther, ce dernier, décanté et mélangé d'un peu d'eau, laisse par évaporation des gouttelettes huileuses à la surface de l'eau ; on peut déterminer la formation des gouttelettes huileuses en ajoutant un peu de chlorure de calcium.

b. *Acide acétique*. — On le reconnaît généralement à l'odorat ; on peut le caractériser, en épuisant
le suc par l'éther dont le résidu d'évaporation calciné en présence d'un peu d'acide arsénieux fournit
du *cacodyle* à odeur infecte.

c. *Bile*. — A l'état normal le suc gastrique en
contient de petites quantités ; mais à l'état pathologique on peut en trouver une quantité énorme ; il
faut rechercher cet élément sur le suc gastrique non
filtré et seulement décanté ; on a recours à la réaction de Gmelin (Voir urines, page 109).

d. *Suc pancréatique*. — On se contente généra·
lement de rechercher l'une des propriétés caracté·
ristiques du suc pancréatique, c'est-à-dire la propriété
qu'il possède de digérer les albuminoïdes en solution alcaline ; pour cela on maintient pendant
quelques heures à l'étuve à 39° un peu de suc gastrique légèrement alcalinisé et additionné d'un petit
carré d'albumine.

e. *Sang*. — La présence du sang se reconnaît à la
couleur noire ou brune que possède le suc gastrique ; en cas de doute on emploiera les réactions
données pour l'urine (page 113).

6° **Examen microscopique**. — L'examen microscopique du suc gastrique serait d'une grande importance, mais il n'est pas facile à cause des éléments
si divers que l'on y rencontre ; de plus l'examen
bactériologique est impossible.

On peut cependant y rechercher les globules de

pus, qui sont très rares, et les cellules cancéreuses qui ont été trouvées quelquefois.

7° **Conclusions.** — On devra se contenter de signaler ce qu'on a constaté par l'analyse, soit au point de vue des éléments normaux, soit au point de vue des éléments anormaux ; pour cela on consultera le tableau suivant pour connaître la composition chimique du suc gastrique.

Au point de vue clinique les résultats fournis par l'analyse pourront s'interpréter de la façon suivante :

1° Maladies où il y a augmentation de l'acide chlorhydrique stomacal : ulcère rond, hypersécrétion gastrique ;

2° Maladies où il y a diminution : anémie pernicieuse, dyspepsies neurasthéniques, catarrhe gastrique avec hypersécrétion de mucus gastrique, cancer de l'estomac (dans ce dernier cas on constate une quantité considérable d'*acide lactique*).

Quant à la *pepsine* et au *labferment*, il est certain que leur absence dans le suc gastrique indique un mauvais état de l'estomac.

Enfin la présence des différents éléments anormaux, que j'ai signalés, a une importance capitale pour le médecin et permettra de faire facilement le diagnostic de la lésion.

Composition du suc gastrique normal.

Aspect : trouble, filant, nombreux débris alimentaires.

9.

Odeur : faible, pas d'odeur spéciale.

Couleur : légèrement jaunâtre.

Densité : 1,012.

Réaction : franchement acide.

Acidité totale exprimée en HCl.. .	$1^{gr},50$ à $2^{gr},50$ p. 1000.	
Acide chlorhydrique libre en HCl..	1^{gr} à 2^{gr}	—
Acidité organique en acide lactique.	$0^{gr},26$ à $0^{gr},50$	—
Chlore total..	4^{gr} à 6^{gr}	—
Chlore des chlorures.	2^{gr} à 4^{gr}	—
Chlore organique..	1^{gr} à 3^{gr}	—

Exemple d'analyse complète d'un suc gastrique pathologique faite par l'auteur.

(Comme pour l'urine, il est assez difficile de donner un modèle d'analyse, car la plupart du temps, le médecin demande seulement la recherche ou le dosage d'un ou plusieurs éléments.)

Caractères organoleptiques.

Aspect : trouble, matières noires en suspension.

Odeur : faible.

Couleur : rouge brunâtre.

Réaction : franchement acide.

Examen chimique.

Acidité totale exprimée en HCl. . .	4^{gr} p. 1000.	
Acide chlorhydrique libre en HCl. .	$0^{gr},20$	—
Chlore total..	$7^{gr},88$	—
Chlore des chlorures.	3^{gr}	—
Chlore organique..	$4^{gr},68$	—

La réaction de l'acide lactique est positive.

Examen physiologique.

On constate la présence du labferment et de la pepsine.

Recherche des produits de la digestion stomacale.

Peptones : — traces.

Matières amylacées : présence.

Recherche des éléments anormaux.

Acide butyrique : néant.

Acide acétique : néant.

Bile : traces.

Suc pancréatique : néant.

Sang : présence.

Examen microscopique.

Débris alimentaires.

Conclusions.

Le suc gastrique ne contient que très peu d'acide chlorhydrique libre, et il renferme de l'acide lactique et du sang.

§ 2. — SÉROSITÉS ET LIQUIDES DES KYSTES

Ces liquides sont retirés de l'organisme à l'aide de ponction, sauf le liquide du tissu cellulaire qu'on retire au moyen des tubes de Southey ; on peut les classer ainsi :

1º Sérosités péricardiques ;

2º Sérosités pleurales ;

3º Sérosités péritonéales ;

4º Sérosités péritonéales avec épanchement de chyle ;

5º Sérosités de l'hydrocèle ;

6º Sérosités de l'œdème du tissu cellulaire ;

7º Liquides des kystes.

Avant d'aborder les procédés d'analyses de ces liquides, il est bon de donner les caractères de chacun d'eux.

La *sérosité péricardique* provient d'un épanchement de liquide dans le péricarde, c'est un liquide jaune citrin, un peu visqueux, et légèrement alcalin.

La *sérosité pleurale* est constituée par un épanchement de liquide dans la plèvre ou dans les deux à la fois ; c'est un liquide citrin à réaction alcaline, contenant généralement un peu de fibrine ; dans le cas de pleurésie purulente on trouve des globules de pus ; quelquefois on constate un dépôt formé d'albumine coagulée, qui se présente au microscope sous forme de granulations que les acides ne modifient pas sensiblement.

Sous le nom de *sérosité péritonéale* ou *liquide d'ascite,* on entend le liquide, formé dans le péritoine, c'est un liquide jaune ou verdâtre contenant fréquemment de la fibrine.

Quelquefois le chyle se mêle au liquide qui prend

une apparence opaline; au microscope on reconnait facilement des corpuscules graisseux, l'éther éclaircit le liquide en dissolvant la graisse.

La *sérosité de l'hydrocèle* ressemble beaucoup à la précédente, elle est un peu visqueuse.

Quant au *liquide de l'œdème du tissu cellulaire,* il est généralement presque incolore ou légèrement jaunâtre et un peu alcalin, au bout de quelque temps il se trouble.

Enfin le *liquide des kystes des ovaires,* un peu jaunâtre, renferme souvent des paillettes de cholestérine; il n'en est pas de même pour le liquide des *kystes hydatiques,* qui est très peu coloré et de faible densité; il ne renferme pas d'albumine ou seulement des traces, mais on y a signalé de l'acide succinique, de l'inosite et du glucose.

Les *kystes de la cavité buccale* ont un liquide filant, opalin; il est important d'y rechercher la ptyaline; pour cela on ajoute au liquide un peu d'eau amidonnée et on laisse le mélange à une température de 38 à 39° pendant 1 heure; dans le cas de ptyaline on aura réduction abondante en chauffant avec de la liqueur de Fehling.

Les *liquides des kystes des reins* présentent, au début de leur formation, une composition se rapprochant beaucoup de celle de l'urine; mais au bout de quelque temps leur composition varie, et généralement ils ont une densité assez faible, leur coloration est jaune ou même foncée.

L'analyse de tous ces liquides peut se faire par la même méthode et voici la marche générale que j'emploie et qu'on peut diviser en 4 parties :

1° Caractères organoleptiques;

2° Dosage des principaux éléments;

3° Examen microscopique;

4° Conclusions.

1° Caractères organoleptiques.

1° *Volume.* — Il est excessivement variable, depuis 100 grammes jusqu'à 20 litres.

2° *Aspect.* — Les sérosités sont claires ou contiennent des corps en suspension, tels que particules de cholestérine, globules graisseux, globules de pus, sang, etc. ; il est nécessaire de les faire déposer pendant quelque temps pour noter la présence de la *fibrine.* Quant à la couleur elle est très variable ; le liquide peut être incolore ou fortement coloré en jaune, tous les intermédiaires peuvent exister.

3° *Densité.* — Comme pour l'urine on détermine la densité à l'aide d'un aréomètre ou mieux à l'aide de la balance de Westphal.

4° *Réaction.* — On se contente de déterminer la réaction au papier de tournesol.

2° Dosage des principaux éléments.

1° *Résidu fixe à 100° et eau.* — 10 centimètres cubes de liquide sont évaporés au bain-marie à

100°, on termine la dessiccation à l'étuve et on pèse, le résultat multiplié par 100 donne la quantité de résidu fixe par litre ; on en déduit facilement la quantité d'eau par litre.

2° *Matières minérales*. — Le résidu précédent est chauffé au rouge sombre de façon à carboniser la matière, on épuise le charbon par l'eau distillée bouillante, on recueille le charbon sur un filtre et lave à l'eau bouillante ; on sèche le tout et incinère dans la même capsule de platine charbon et filtre ; lorsque les cendres sont blanches on ajoute le liquide précédent, évapore au bain-marie et calcine au rouge sombre et pèse ; le résultat multiplié par 100 donne la teneur par litre en matières minérales.

3° *Matières organiques*. — On retranche le poids des cendres du poids d'extrait sec à 100° et on a ainsi les matières organiques.

4° *Albumine*. — 10 centimètres cubes[1] de liquide sont additionnés de 40 centimètres cubes d'eau distillée, de 10 grammes de sulfate de soude et de quelques gouttes d'acide acétique, on porte à l'ébullition qu'on maintient quelques instants ; on recueille le précipité sur un filtre taré, lave à l'eau bouillante tant que les eaux de lavages précipitent par le

---

1. Lorsqu'il y a peu d'albumine il faut prendre 50 centimètres cubes ou même 100 centimètres cubes de liquide.

chlorure de baryum ; on sèche et pèse, le résultat multiplié par 100 donne la quantité d'albumine.

5° *Matières grasses.* — 200 centimètres cubes de liquide sont additionnés de 100 grammes environ de sulfate de soude et d'acide acétique, dont il faut éviter un excès, on coagule les albumines à chaud (il faut avoir soin de maintenir l'ébullition pendant un certain temps pour que la coagulation des albumines soit complète), on filtre et lave le précipité avec 6 à 700 centimètres cubes d'eau bouillante. On laisse bien égoutter le précipité d'albumine, puis on le mélange au mortier avec du sable fin de façon à obtenir une pâte molle, qu'on dessèche à l'étuve. La masse pulvérisée. est épuisée avec 200 centimètres cubes d'éther dans un appareil Soxhlet.

Cet appareil se compose d'un ballon de 200 centimètres cubes environ, fermé par un bouchon de liège dans lequel est fixé le tube à extraction de Soxhlet (fig. 36) ; à la partie supérieure de l'extracteur on place à l'aide d'un bouchon de liège un serpentin ou un réfrigérant de Liebig montés *per ascensum*. On met la matière à épuiser dans un tube en papier à filtrer, d'un diamètre un peu inférieur à celui du tube, on recouvre la poudre d'un peu de papier à filtrer et on introduit le tout dans l'extracteur. On met de l'éther sur la poudre jusqu'à ce que le niveau atteigne la courbure du petit tube siphon de droite, l'éther est alors siphonné et passe dans le ballon ; on ajoute quelques centimètres cubes en plus pour l'évaporation.

On monte le réfrigérant et chauffe au bain-marie, les vapeurs d'éther arrivent par le tube de gauche dans le réfrigérant et elles retombent sur la poudre, lorsque le niveau du liquide atteint la courbure du petit tube, le siphon fonctionne. L'appareil marche ainsi pendant plusieurs heures.

A défaut de cet appareil on peut se contenter de faire macérer la poudre dans l'éther, il est nécessaire de faire 3 macérations avec 100 à 150 centimètres cubes d'éther chaque fois.

On filtre la liqueur éthérée dans un verre de Bohème conique[1] et on distille l'éther, on sèche à 100° et on pèse, le résultat multiplié par 5 donne la quantité de graisse par litre. Lorsqu'on fait beaucoup de dosages de graisse, je recommande le dispositif suivant pour distiller

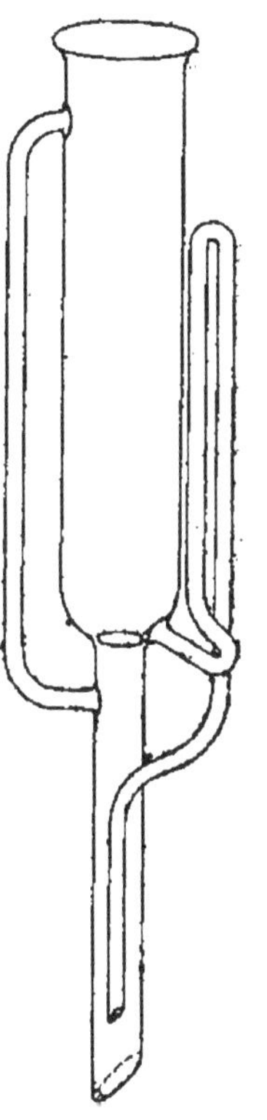

Fig. 36. — Tube à extraction de Soxhlet.

1. Il vaut mieux employer un verre de bohême conique qu'une capsule de porcelaine, car les matières grasses, en solution éthérée, ont l'inconvénient de *grimper* sur les parois des vases, et on a ainsi des erreurs dans les dosages.

l'éther avec facilité et sans danger. On prend un réfrigérant de Liebig dont le tube central est remplacé par un tube d'étain de 2 mètres de longueur environ, ce tube est recourbé à chaque extrémité ; l'une est en communication par un bouchon de liège (éviter l'emploi du caoutchouc) avec le verre de Bohème, contenant l'éther à distiller, et l'autre avec un poudrier également fermé par un bouchon de liège à 2 trous, le deuxième trou sert à conduire au moyen d'un tube en verre les vapeurs d'éther non condensées dans l'air extérieur.

Un courant d'eau froide assez rapide circule dans le manchon de verre traversé par le tube d'étain ; ce manchon qui constitue le réfrigérant n'a qu'une longueur de $0^m,80$ et il suffit à condenser les vapeurs d'éther. Grâce à ce dispositif l'éther est recueilli à une distance assez grande, il n'y a pas à craindre l'inflammation du liquide.

Avec ce procédé, on dose les matières grasses + la cholestérine; si l'on voulait séparer cette dernière, il faudrait avoir recours au procédé suivant: Le résidu provenant de la distillation de l'éther est repris par quelques centimètres cubes de ce dernier, on transvase dans une capsule de porcelaine tarée et évapore à l'air libre ; on sèche à 100° et pèse, on a ainsi les graisses + la cholestérine ; on traite le tout par une solution alcoolique de potasse, on dessèche au bain-marie puis à l'étuve et reprend la masse par de l'éther anhydre qui dissout la cholestérine seule, on évapore la solution éthérée dans une capsule de porcelaine tarée, séche et pèse ; par différence avec le nombre précédent on a les *matières grasses* (ce dosage se fait rarement).

Lorsqu'on a affaire à des liquides d'*origine chyleuse* et contenant par suite beaucoup de matières grasses, au lieu d'opérer sur 200 centimètres cubes de liquide, on se contente de 10 à 50 centimètres cubes : dans ces cas on peut avec avantage employer la méthode d'Adam qui donne de très bons résultats, on suit le procédé donné pour le dosage du beurre dans le lait.

6° *Urée*. — Les liquides, provenant du lavage du précipité d'albumine destinée au dosage de la graisse, sont *fortement acidulés par l'acide acétique* et évaporés au bain-marie à 100 centimètres cubes. Ce liquide sert au dosage de l'*urée*, du *chlore* et de l'*acide phosphorique*.

On prend 5 centimètres cubes pour doser l'urée par l'hypobromite de soude dans l'*azotomètre*, le nombre de centimètres cubes d'azote trouvés multiplié par $0{,}00256 \times 100$ donne la quantité d'urée par litre. (Ce résultat n'est pas très juste par suite de la destruction d'un peu d'urée pendant l'évaporation.)

7° *Chlore*. — 2 centimètres cubes du liquide précédent sont additionnés de 100 centimètres cubes d'eau distillée, 5 centimètres cubes d'acide azotique exempt de vapeurs nitreuses, 20 centimètres cubes d'azotate d'argent N/10 et 5 centimètres cubes d'alun de fer et d'ammoniaque et on termine par l'addition de liqueur de sulfocyanure d'ammonium comme il est dit pour l'urine (Voir page 57).

Soit N le nombre de centimètres cubes employés le poids du chlore par litre sera donné par la formule

$$(20 - N)\ 0{,}00355 \times 250.$$

8° *Acide phosphorique.* — 50 centimètres cubes du même liquide sont additionnés de 5 centimètres cubes d'acétate de soude acétique, puis de liqueur d'urane à l'ébullition comme pour l'urine (Voir page 63).

Soit N le nombre de centimètres cubes employés, et a le titre de l'urane, le poids d'acide phosphorique par litre sera donné par la formule :

$$N \times a \times 10.$$

9° *Recherche du glucose.* — On fait cette recherche par le chlorhydrate de phénylhydrazine en présence de l'acétate de soude, on opère comme pour l'urine (Voir page 84).

3° **Examen microscopique.** — Si l'on se propose de rechercher les microbes, il faut recueillir le liquide *aseptiquement* ; pour cela on fait généralement une ponction exploratrice au moyen d'une petite seringue de Pravaz préalablement stérilisée et l'on procède à la recherche des principaux microbes (je renvoie aux traités de bactériologie pour cet examen).

Pour rechercher les autres éléments non organisés, on commence par faire déposer le liquide dans un verre à pied et on prélève à l'aide d'une pipette un peu du dépôt.

On fait plusieurs préparations, on en colore quelques-unes en suivant le même procédé que pour l'urine.

On reconnaîtra facilement les cristaux de phosphates de chaux ou de phosphate ammoniaco-magnésien.

Les cristaux de cholestérine très fréquents apparaîtront sous forme de plaques.

Les globules gras sont très réfringents, si l'on traite la préparation par de l'éther ils disparaissent de suite, enfin la teinture d'orcanette les colore en rose.

Les globules de pus se reconnaîtront à leurs bords crénelés, de plus l'acide acétique les dissout et il ne reste plus que les noyaux.

Les granulations d'albumine qui pourraient être confondues avec des globules de graisse ou de pus, se distinguent facilement des premiers, parce que l'éther ne les dissout pas, et des seconds par l'acide acétique qui ne les dissout pas. Enfin on trouve constamment dans ces liquides des globules sanguins.

4° Conclusions. — La plupart du temps il est impossible de tirer des conclusions de l'analyse d'une sérosité, si l'on n'a pas constaté la présence *du pus*

Analyses de quelques liquides de ponction faites par l'auteur.

	SÉROSITÉ péricardique	SÉROSITÉ pleurale	SÉROSITÉ pleurale	SÉROSITÉ péritonéale	SÉROSITÉ péritonéale avec chyle	SÉROSITÉ de l'œdème des jambes	SÉROSITÉ de l'œdème des testicules	KYSTE hydatique
Volume.	260^{cc}	1,180	2,500	5,000	5,000	480	1,000	2,100
Aspect.	Clair	Trouble	Trouble		Opalin			Clair
Densité.		1,022	1,024		1,015			1,005
Réaction.		Alcaline	Alcaline		Alcaline			Alcaline
Résidu fixe à 100°...		75,50	87,50		46,50			14,75
Matières minérales..	4,50	7,50	8,50	10	10	6,50	6,50	11,75
Matières organiques.		68,00	79,00		36,50			3
Albumine.	45,42	65	76,30	44	29,70	3,80	2,10	0,20
Matières grasses. .	1^{gr}	0,25	1,53		5,70			
Urée.	3,40	0,54	0,33	0,30	0,10	0,67	0,43	0,60
Chlore.	3,15	3,10	4,17	3,90	78,0	3,62	2,84	2,84
Phosphates. . . .	0,66	0,08	0,25	0,10	0,49	0,19	0,04	0,20
Glucose..		Néant	Néant		0,67			Présence
Examen microscopique.		Pus	Granulations d'albumine		Globules gras			

par exemple ou d'un microbe pathogène, car la composition de ces liquides est très variable. Cependant
la présence d'une grande quantité de matériaux
fixes, ou d'albumine ou de fibrine, sont les caractères
des phénomènes inflammatoires.

§ 3. — SANG

L'analyse complète du sang est une opération fort
longue que l'on fait souvent dans les laboratoires de
physiologie, mais comme le but de mon livre est
de donner les procédés d'analyses employés pour le
diagnostic des maladies, je me contenterai d'indiquer l'examen du sang comme cela se fait dans la
clinique, et je renvoie aux traités spéciaux le lecteur
qui aura besoin de ces renseignements.

Cependant j'ai pensé qu'il était bon d'ajouter à
l'analyse clinique du sang l'examen des taches de
sang que les médecins ou pharmaciens ont si souvent à faire.

Au point de vue clinique l'analyse du sang comprend les déterminations suivantes :

1° Numération des globules rouges ;

2° Numération des globules blancs ;

3° Recherche des microbes du sang[1];

1. Voir l'ouvrage de Feltz, guide pour les analyses de
bactériologie clinique.

4° Séro-diagnostic de la fièvre typhoïde ;

5° Dosage de l'hémoglobine;

6° Recherche de la méthémoglobine.

1° Numération des globules. — On emploie le procédé de Hayem. On aspire à l'aide d'une pipette spéciale capillaire 2 millimètres cubes de sang, obtenu par piqûre de la pulpe du doigt, on fait couler ces 2 millimètres cubes dans une éprouvette contenant 500 millimètres cubes de sérum artificiel[1] mesurés à l'aide d'une pipette spéciale ; on aspire et rejette deux ou trois fois le sérum à travers la pipette de façon à entraîner les derniers globules adhérents ; on mélange pour rendre homogène ; on a donc ainsi une solution de sang à 2/500.

On prend alors la cellule hématimétrique de Hayem, qui est constituée par une lamelle porte-objet, creusée en son centre d'une cuvette de 1 centimètre de diamètre et de 1 cinquantième de millimètre de profondeur ; on dépose dans cette cellule une goutte de la solution de sang diluée à 1/250 : on recouvre d'une lamelle porte-objet bien plane et on place le tout sous le microscope dont l'oculaire porte une glace quadrillée et divisée en 16 petits carrés égaux ; le grand carré a 1 cinquième de millimètre de côté ; on compte les globules renfermés dans

---

1. Le sérum artificiel se prépare en mélangeant 1 volume d'une solution aqueuse de gomme arabique d'une densité de 1,020 à 3 volumes d'une solution à parties égales de sulfate de soude et chlorure de sodium.

chaque petit carré, on prend la moyenne et multiplie par 16 pour obtenir le nombre de globules circonscrits dans le carré d'un cinquantième de millimètre ; mais comme l'épaisseur du liquide est exactement de 1 cinquième de millimètre, le nombre trouvé représente donc la quantité de globules renfermés dans un cube d'un cinquième de millimètre de côté et en multipliant par 125 on a le nombre de globules par millimètre cube de sang dilué à 1/250, et pour obtenir la richesse d'un millimètre de sang primitif il suffira de multiplier par 250.

Pathologie. — Le sang normal renferme environ 5 millions de globules rouges pour l'homme et 4 millions pour la femme par millimètre cube ; ce nombre diminue dans certaines maladies chroniques ou aiguës et surtout dans l'anémie ; dans ce dernier cas, on a vu le nombre des globules tomber à 1 million ou même à 500,000.

2° Numération des globules blancs. — On fait à l'aide d'une épingle une piqûre au doigt et on prélève rapidement à l'aide d'une petite pipette un demi-centimètre cube de sang qu'on verse dans 7 centimètres cubes d'une solution contenant pour 500 centimètres cubes d'eau distillée **2** centimètres cubes d'acide acétique ; on aspire plusieurs fois à l'aide de la pipette quelques gouttes du liquide acide pour rincer aussi parfaitement que possible la petite pipette.

Sous l'action de l'acide acétique, les globules rouges se dissolvent, et il ne reste plus dans la liqueur que les globules blancs.

La solution ainsi obtenue est au 1/15, on en prend une certaine quantité qu'on dépose dans la cellule de l'appareil de Hayem, en suivant toutes les précautions que j'ai indiquées plus haut ; on compte les globules blancs, comme on compterait des globules rouges, mais ici la chose est plus difficile, car à côté des globules blancs, il reste toujours des débris de globules rouges mal dissous, il faut faire attention de ne pas prendre ces particules pour des globules blancs ; et en règle générale, on ne doit compter que les globules dont les noyaux sont parfaitement nets.

Comme pour les globules rouges on détermine la quantité de globules renfermés *dans un millimètre cube de sang dilué* à 1/15 ; et en multipliant ce résultat par 15 on a la quantité de globules blancs renfermés dans *un millimètre cube de sang*.

Pathologie. — A l'état normal, on compte environ 5,000 globules blancs par millimètre cube de sang. Ce nombre augmente dans les hémorragies, la grossesse, les suppurations, la leucocythémie et dans toutes les affections des organes lymphogènes (rate, ganglions lymphatiques).

Les globules blancs diminuent dans la vieillesse, l'abstinence et par l'emploi de quelques médicaments (mercure).

4° Séro-diagnostic de la fièvre typhoïde. — Cette

méthode est fondée sur la propriété suivante du sérum de sang de typhique, découverte par Widal : si à une culture récente de bacille d'Eberth, on ajoute du sang ou du sérum de typhique, les bacilles alors très mobiles s'agglutinent et se réunissent en

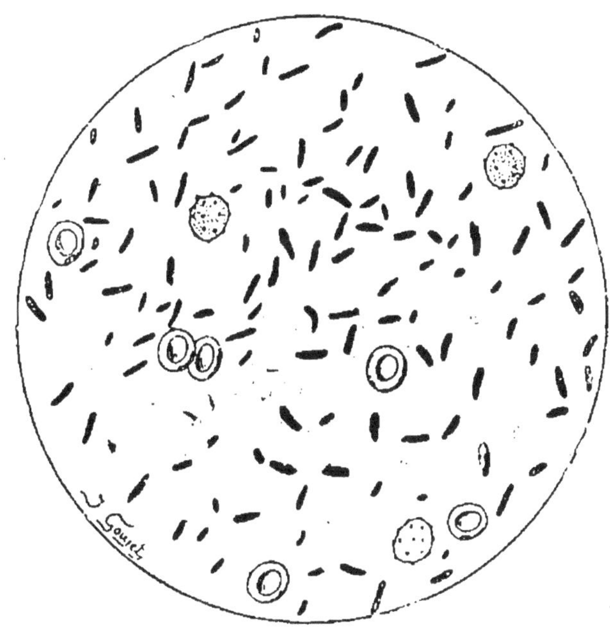

Fig. 37. — Préparation d'une culture jeune, en bouillon, de bacilles d'Eberth additionnée de 1/10 de sang non typhique, séro-réaction négative (Paul Courmont).

masse au fond du tube, le sang ou le sérum d'individu non typhique n'a pas cette propriété ; c'est donc un bon moyen de diagnostiquer la fièvre typhoïde ; voici comment dans la pratique on opère : dans un tube fermé d'un bout, d'une longueur de 0^m,05 et d'un diamètre de 0^m,005, on place 10 gouttes d'une culture récente de bacille d'Eberth, datant de 2 ou 3 jours, puis on laisse tomber dans le tube une ou deux gouttes de sang, provenant de la piqûre de la pulpe du doigt, on agite et laisse reposer pendant 2 heures; au bout de ce temps on examine le liquide

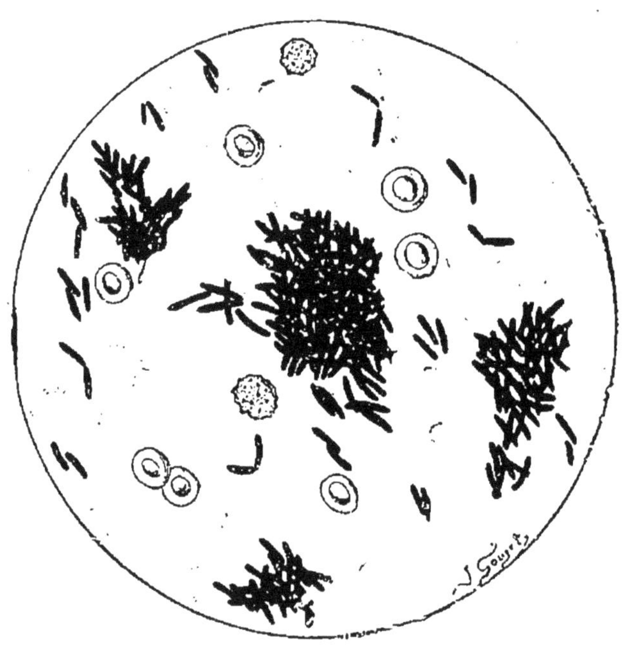

Fig. 38. — Culture jeune, en bouillon, de bacilles d'Eberth, additionnée de 1/10 de sang de typhique, séro-réaction posi- tive (Paul Courmont).

au microscope ; si l'on a affaire à du sang de typhi- que, les bacilles ont perdu leur mobilité et forment des petits amas (fig. 38).

Il est indispensable d'examiner la culture à l'avance

afin de s'assurer que les bacilles n'y sont pas agglutinés (fig. 37).

5° Dosage de l'hémoglobine. — Le dosage de l'hémoglobine quoique fort important se fait rarement en clinique, cela tient à ce que les procédés précis de dosage exigent une quantité de sang relativement considérable, c'est pourquoi je me contenterai de donner le procédé empirique de Hénocque.

L'hématoscope de Hénocque est constitué par 2 lames rectangulaires et planes en verre, posées de telle façon que, se touchant par l'un de leurs bords, elles s'écartent du côté opposé de 300 millimètres. Une échelle en tôle émaillée et portant 2 sortes de divisions, se place contre l'instrument ; la division du haut indique en millième de millimètre la distance des lames, la seconde division placée au-dessous indique directement en grammes la quantité d'oxyhémoglobine renfermée dans 100 grammes de sang ; ces divisions sont répétées sur les lames de verre et dans le même ordre.

Pour se servir de l'appareil, on fait une piqûre à la pulpe du doigt et on fait tomber quelques gouttes de sang dans l'espace ménagé entre les 2 lames, le sang se répand par capillarité ; il suffit alors de placer la plaque de tôle émaillée derrière l'instrument et de faire coïncider exactement les divisions de la plaque émaillée et des lames de verre. On cherche *de droite à gauche* la division de l'échelle inférieure de la tôle émaillée, qui reste encore visible à travers la couche de sang, et on déduit la quantité d'hémoglobine renfermée dans 100 grammes de sang.

Pathologie. — Le sang normal renferme 13 à 15 pour 100 d'hémoglobine, dans la chlorose ce nombre diminue considérablement et peut tomber à 5 pour 100.

6° Recherche de la méthémoglobine. — Dans certains cas pathologiques et surtout dans certaines intoxications la recherche de la méthémoglobine est importante. Pour cela on dilue quelques gouttes de sang dans l'eau distillée et on examine au spectroscope en solution alcaline et acide.

Dans le premier cas on observe, en plus des 2 raies de l'oxyhémoglobine, une troisième raie un peu plus pâle que les autres et très voisine de la raie D ; si au contraire on examine en solution acide, on voit, en plus des 2 raies de l'oxyhémoglobine, une troisième raie très apparente et située dans le rouge.

Pathologie. — On trouve de la méthémoglobine dans le sang des individus intoxiqués par les phénols, le permanganate de potasse, etc.

EXAMEN MÉDICO-LÉGAL DES TACHES DE SANG

Comme pour toutes les expertises médico-légales on suivra la marche suivante :

1° Prélèvement des taches ;

2° Description des taches ;

3° Examen de ces taches (réactions de certitude et réactions de probabilités);

4° Tirer des conclusions pour répondre aux questions posées par la commission rogatoire.

1° Prélèvement des taches. — Souvent le juge d'instruction remet directement à l'expert les objets saisis, sur lesquels se trouvent les taches à examiner ; mais il n'en est pas toujours ainsi, et fréquemment l'expert doit lui-même, en présence du parquet, prélever les objets sur lesquels on soupçonne des taches de sang ; l'opération est différente suivant les cas. Si ce sont de menus objets, on les enferme dans des poudriers bouchés et cachetés par le juge d'instruction ; si au contraire les taches résident sur un mur, sur des meubles, sur le parquet, on les racle avec soin à l'aide d'un scalpel, on détache la partie du bois où se trouve la tache et on enferme le tout dans un poudrier ; il est bon alors de noter les dimensions de la tache, la forme (empreintes de main, pied, linge, couteaux, etc.), et les conditions supposées dans lesquelles la tache a été faite.

Si les taches sont sur la terre, après en avoir décrit les particularités comme ci-dessus, on enlèvera avec beaucoup de soin, à l'aide du scalpel, le petit bloc de terre sur lequel repose la tache, et on l'enfermera dans un poudrier garni de coton pour empêcher la dissociation du fragment.

2° Description des taches. — Elle se fait au laboratoire, on examine et note avec soin toutes les particularités qu'on observe, on décrit avec soin la forme des taches, leurs dimensions, leur siège, si elles sont entourées d'éclaboussures, etc.; il faut relever toutes les circonstances qui permettront de préciser dans quelles conditions elles ont été faites.

3° Examen des taches.—A. Réactions de certitude.— Les opérations précédentes faites, on procède aux réactions de certitude, qui permettront de dire si la tache suspecte est ou n'est pas du sang. L'une ou l'autre des 3 réactions de certitude suffit pour affirmer la présence du sang.

Une fois les réactions de certitude faites, on peut essayer les réactions de probabilités qui servent de contrôle.

Les réactions de certitude sont au nombre de trois : 1° *Formation des cristaux d'hémine ou cristaux de Teichmann* ; 2° *Examen spectroscopique* ; 3° *Recherche et mesure des globules sanguins.*

1° *Formation des cristaux d'hémine.* — Si la tache se trouve sur un tissu, on la découpe à l'aide de ciseau fin, si elle est sur du bois ou des corps durs, on l'enlève avec un scalpel autant qu'il est possible ; on place sur une lamelle porte-objet le fragment du tissu qui renferme la tache ou les débris enlevés par le scalpel, on imbibe le tout de quelques gouttes d'eau, on laisse macérer quelque temps ; puis on exprime le liquide sur la lamelle à l'aide d'une aiguille, on retire les corps étrangers (fils, débris de tissus, bois, etc.), il doit rester sur la lamelle 2 ou 3 gouttes de liquide rougeâtre un peu trouble.

On évapore à sec soit à l'air libre ou mieux dans une étuve chauffée vers 50°, température qu'il ne faut pas dépasser. (On peut également évaporer le liquide en passant la lamelle dans la flamme d'un bec de gaz, mais il faut opérer avec beaucoup de précautions, et ne pas dépasser 50°.)

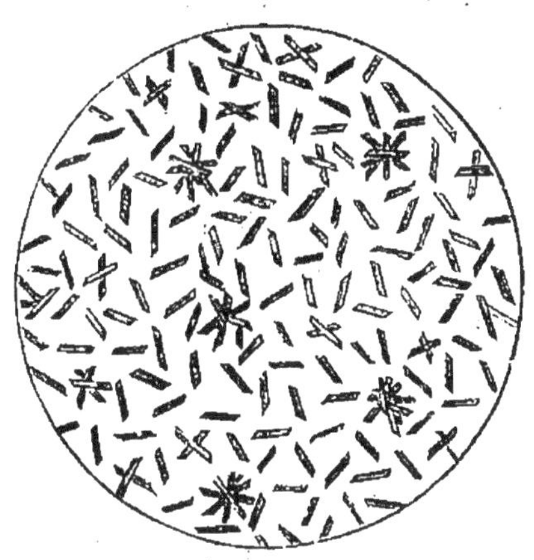

Fig. 39. — Cristaux de chlorhydrate d'hématine.

On obtient ainsi sur la lamelle un résidu rougeâtre, sur lequel on dépose une goutte d'une solution de chlorure de sodium au millième, on évapore encore avec les mêmes précautions que ci-dessus, on ajoute alors une goutte d'acide acétique cristallisable, on évapore à sec en chauffant doucement sur un brûleur ; quoique l'évaporation puisse se faire à une température plus élevée que précédemment, il faut cependant éviter l'ébullition de l'acide acétique ; lorsque tout l'acide est évaporé, on ajoute de nouveau de l'acide, il faut généralement 3 ou 4 additions d'acide suivies d'évaporation chaque fois.

Il suffit alors d'examiner au microscope les cristaux d'hémine ou de chlorhydrate d'hématine (fig. 39) ; ils se présentent sous forme de parallélipipèdes ou de losanges, souvent ils sont groupés en croix, leur couleur varie du jaune clair au brun foncé ; ils sont insolubles dans l'eau, l'alcool, l'éther et la glycérine. Il suffit de les avoir vus une fois pour les reconnaître.

Ces cristaux sont caractéristiques de la présence du sang et ne s'obtiennent qu'avec la matière colorante du sang.

Cependant il existe une cause d'erreur qui est la suivante : lorsque les taches sont déposées sur des étoffes teintes avec certaines matières colorantes (indigo ou couleurs d'aniline), on peut obtenir des cristaux formés par ces matières colorantes, cristaux qui peuvent ressembler dans certains cas aux cristaux d'hémine, mais la plupart du temps, la distinction est tellement facile qu'il suffit d'être prévenu pour ne pas faire la confusion.

2° *Examen spectroscopique.* — L'examen spectroscopique des taches de sang exige une quantité de sang plus considérable que pour l'obtention des cristaux d'hémine. On dissout la tache suspecte dans un peu d'eau distillée en faisant macérer pendant quelque temps, on filtre la solution qui doit être d'un rose pâle.

Pour l'examen spectroscopique on peut avoir recours soit au grand spectroscope de laboratoire

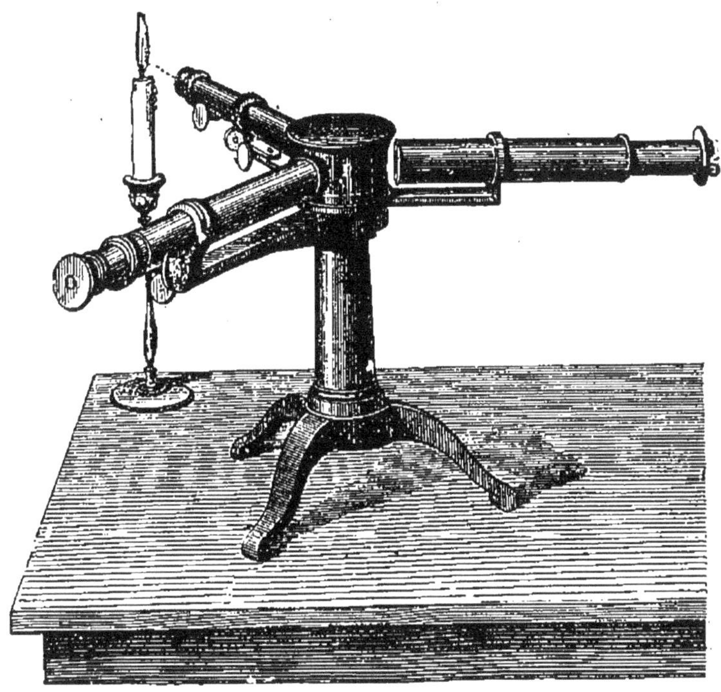

Fig. 40. — Spectroscope.

(fig. 40), ou bien au petit spectroscope à vision directe, dit spectroscope de poche.

Dans le premier cas on dispose le liquide suspect renfermé dans un tube à essai ordinaire devant la fente du spectroscope éclairé par un bec de gaz.

Si l'on se sert du spectroscope de poche, il suffit

d'interposer le tube à essai entre la lumière solaire et la fente du spectroscope. Quelque soit l'appareil employé on aperçoit au niveau des zones jaunes et vertes 2 bandes obscures (fig. 41 B) ; ces bandes sont situées entre les raies D et E du spectre solaire, et

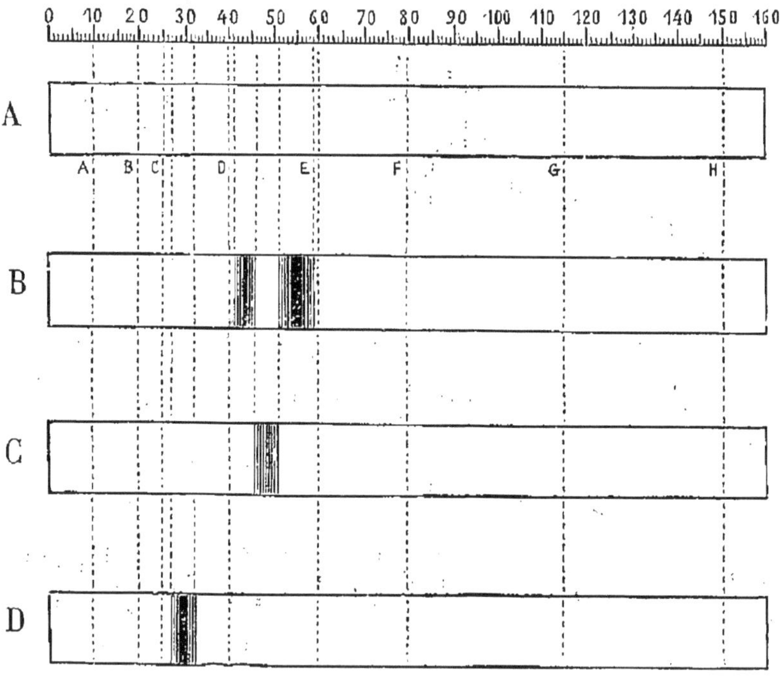

Fig. 41. — Spectres d'absorption de l'oxyhémoglobine, de l'hémoglobine réduite et de l'hématine.

ce sont les bandes de l'*hémoglobine oxygénée* ; si l'on additionne le liquide d'un corps réducteur, du sulfhydrate d'ammoniaque par exemple, les 2 bandes précédentes disparaissent et sont remplacées par une seule bande noire, qui occupe à peu près l'espace compris entre les 2 bandes ci-dessus, c'est le spectre de l'*hémoglobine réduite* (fig. 41 C).

Les choses ne sont pas toujours aussi simples et souvent l'hémoglobine s'est décomposée en *hématine* et *globuline*; dans ces conditions il est possible encore de caractériser le sang en recherchant le spectre d'absorption de l'hématine en solution acide (fig. 41 D).

D'autres fois l'hémoglobine du sang a subi une transformation et se trouve alors à l'état de *méthémoglobine* dont on pourra caractériser le spectre en examinant en solution acide et alcaline. En solution acide on voit les 2 bandes[1] de l'hémoglobine oxygénée et une troisième bande dans l'orangé, à droite de C; en solution alcaline on voit toujours les 2 bandes[1] de l'hémoglobine oxygénée et une troisième bande *peu visible* à gauche de D.

3° *Recherche et mesure des globules sanguins.* — La recherche des globules sanguins est souvent impossible lorsque les taches sont anciennes, car les globules sont détruits.

Pour rechercher les globules sanguins, on dépose sur une lamelle porte-objet un fragment de la tache et on l'imbibe avec la solution suivante : Eau 100 centimètres cubes, chlorure de sodium 2 grammes, bichlorure de mercure 0gr,50. On laisse en contact

---

1. Ces deux bandes n'occupent pas exactement les bandes de l'oxyhémoglobine.

pendant quelque temps et on exprime le liquide ; on examine au microscope, les globules rouges apparaissent plus ou moins déformés, avec leur couleur foncée tandis que le liquide environnant est à peu près incolore ou légèrement rosé. Il faut noter avec soin leur forme ; s'ils sont elliptiques on a affaire à du sang de poissons, reptiles ou oiseaux, car tous les mammifères ont des hématies circulaires.

Si l'on fait passer sous la lamelle une goutte d'acide acétique, l'hémoglobine se dissout, et le liquide prend une coloration rouge foncé. Pour mesurer les globules on a recours généralement à la chambre claire que l'on dispose sur l'oculaire, l'image du globule est projetée sur une planchette spéciale, imaginée par Malassez, on dessine le globule et on le mesure ensuite ; connaissant exactement le grossissement du microscope on peut en déduire le diamètre du globule ; pour évaluer exactement le grossissement du microscope, on examine une division du micromètre et on dessine cette division qu'on mesure ensuite et on en déduit le grossissement du microscope.

La détermination du diamètre des hématies n'indique pas la plupart du temps l'origine du sang, comme il est facile de s'en convaincre en examinant le tableau suivant qui donne les diamètres des globules sanguins en millièmes de millimètre :

Homme, 0,0075.

Chien, 0,0073.

Lapin, 0,0069.

Chat, 0,0065.

Cheval, 0,0066.

Bœuf, 0,0056.

Mouton, 0,0050.

Porc, 0,0060.

Chèvre, 0,0046.

4° *Réactions de probabilités*. — On introduit la tache suspecte dans un tube effilé contenant de l'eau distillée, et on la suspend dans le liquide, au bout de quelques instants l'hémoglobine entre en solution avec une magnifique coloration rouge qu'on note. S'il s'agit d'une poudre, on place dans le tube un peu de coton et la poudre par-dessus, on verse de l'eau distillée par petites portions, cette dernière dissout l'hémoglobine et se filtre sur le coton.

On prélève à l'aide d'une pipette fine quelques gouttes du liquide rouge qu'on chauffe sur une lame. de platine d'abord doucement, l'albumine se coagule puis en continuant à chauffer on perçoit une odeur de corne brûlée.

Quelques gouttes de liquide traitées par la potasse caustique prennent une coloration noire. Enfin, en agitant quelques gouttes de liqueur suspecte avec de l'essence de térébenthine ozonisée et de la teinture de gaïac, on obtient au bout de quelques instants une magnifique coloration bleue.

Cette réaction n'est pas spéciale au sang, car beaucoup d'autres substances la donnent, mais on peut dire que si elle est négative, la tache suspecte ne contient pas de sang.

Enfin on peut rechercher le fer en opérant ainsi : on incinère dans une capsule de platine le produit de la dissolution de la tache, on reprend par de l'acide azotique chaud, on ajoute de l'eau distillée et on caractérise le fer par le sulfocyanate d'ammoniaque qui donne une magnifique coloration rouge en présence des sels de fer.

Causes d'erreur. — Il existe un certain nombre de taches qui ressemblent beaucoup aux taches de sang et qui peuvent être une cause d'erreur, si l'expert n'est pas prévenu, ce sont les taches formées par des excréments de punaises ou puces, par le sang menstruel, par les lochies, les épistaxis. Les taches formées par les puces ou punaises présentent les réactions du sang mais elles s'en distinguent par leurs dimensions, leur position sur les vêtements et surtout par l'examen microscopique qui révèle la présence de fines *granulations très colorées*.

Les taches de sang menstruel occupent généralement une place spéciale sur les vêtements, de plus elles renferment des cellules épithéliales plates, et la plupart du temps on y rencontre les parasites du vagin, le trichonomas vaginalis, le leptomitus vaginalis, etc.

Dans les lochies on rencontre toujours des débris des enveloppes de l'œuf, des poils fœtaux, des granulations graisseuses.

Enfin les taches provenant d'épistaxis se reconnaissent généralement à leur position.

4° **Conclusions.** — On sera très prudent dans les conclusions ; on conclura à la présence du sang si l'une des *3 réactions de certitude a été positive.* Quant à la provenance du sang il n'est guère possible de l'indiquer et l'on doit toujours se contenter d'une réponse approximative.

§ 4. — TACHES DE SPERME

L'examen des taches de sperme comprend :
1° Prélèvement des taches ;
2° Description des taches;
3° Examen microscopique ;
4° Conclusions.

1° **Prélèvement des taches.** — On suivra le mode opératoire indiqué plus haut pour les taches de sang ; on reconnaîtra les taches de sperme à un certain nombre de caractères qu'il est bon de connaître, les taches de sperme donnent au linge un aspect empesé, les contours sont découpés comme une carte géographique, elles ont une couleur gris sale.

On les reconnaîtra sur le sujet vivant, à l'aspect spécial qu'elles donnent à la peau qui semble couverte de collodion ; dans ce cas, on racle avec le scalpel la peau de façon à détacher des fragments de tache. De plus, il faudra prendre quelques poils au voisinage du vagin, de la verge ou du rectum ; d'autres fois il sera bon également de recueillir un peu de mucosités du vagin.

2° Description des taches. — On suivra la marche indiquée pour le sang.

3° Examen microscopique. — L'examen microscopique comprend la formation des cristaux décrits par Florence et la recherche des spermatozoïdes.

Pour obtenir les cristaux décrits par Florence, on prend un fragment de la tache, qu'on dépose sur une lamelle porte-objet et l'on imbibe avec quelques gouttes d'eau distillée ; on laisse macérer puis on exprime le liquide sur la lamelle, on ajoute une goutte de la solution suivante : iodure de potassium $2^{gr},54$, iode $1^{gr},65$ et eau distillée 30 centimètres cubes ; on mélange sur la lamelle et on examine au microscope, on obtient ainsi de magnifiques cristaux semblables aux cristaux d'hémine. Cette réaction serait d'après Florence caractéristique du sperme humain.

Pour rechercher les spermatozoïdes, on opère ainsi : on découpe dans la tache un petit lambeau ayant un demi-centimètre de côté ; on l'imbibe avec quelques gouttes d'eau distillée dans un verre de montre ; au bout de quelques heures on procède à l'effilochage au moyen d'une aiguille et d'une petite pince. on doit séparer par cette opération toutes les *fibrilles élémentaires* qui constituent les *fils du tissu*.

On colore le magma ainsi obtenu avec un peu de *crocéine*, et on examine au microscope, on voit alors les spermatozoïdes colorés par la crocéine ; on les reconnaît à leur forme allongée et au renflement de l'une de leurs extrémités, improprement appelée *tête du spermatozoïde*, par opposition à la *queue* (fig. 28).

La plupart du temps ils sont accolés aux fibrilles et c'est là qu'il faut surtout les rechercher.

En faisant l'effilochage avec précaution, les spermatozoïdes sont à peu près intacts, mais lorsque les taches sont anciennes, ils sont plus ou moins brisés ou altérés.

4° **Conclusions.** — La présence des spermatozoïdes permettra d'affirmer la nature des taches, mais leur absence ne prouvera pas que ces taches n'ont pas été faites avec du sperme.

§ 5. — PUS

On se contente généralement de faire l'analyse qualitative. Le pus se présente sous la forme d'un liquide opaque plus ou moins visqueux, d'une couleur jaune ou verte, quelquefois bleue ; sa réaction est toujours alcaline.

On recherche au microscope les globules de pus qui se présentent sous la forme de petits corpuscules

à bords généralement crénelés et très réfringents ;
si l'on fait passer sous la préparation une goutte
d'acide acétique, les membranes se dissolvent et il ne
reste plus que les noyaux (Voir fig. 34).

§ 6. — LAIT

L'analyse du lait comprend :

1º Caractères organoleptiques ;

2º Dosage des éléments normaux ;

3º Recherche des falsifications ;

4º Examen microscopique ;

5º Conclusions.

1º Caractères organoleptiques. — Ils comprennent :

1º Odeur ;

2º Couleur ;

3º Densité.

La première chose à faire, avant de commencer
une analyse de lait, est de l'agiter fortement, de
façon à obtenir un liquide parfaitement homogène.

1º *Odeur.* — Doit être faible et non aigre.

2º *Couleur.* — Blanche tirant un peu sur le jaune,
mais cependant on rencontre des laits présentant
des colorations tout à fait anormales, tels que les
laits jaunes qui renferment un bacille spécial, les
laits rosés dont la couleur est due à des pigments
que l'on rencontre dans les plantes qui servent à

l'alimentation des animaux, des laits bleuâtres, cette dernière couleur est communiquée au lait par l'écrémage ou par la présence d'un microbe spécial.

3° *Densité*. — On détermine la densité du lait avec un densimètre ordinaire, et il faut bien se rappeler que le lait écrémé a une densité plus élevée que le lait non écrémé, de là une fraude très commune qui consiste à écrémer le lait puis à l'additionner d'une certaine quantité d'eau de façon à obtenir la même densité ; c'est pourquoi la densité d'un lait ne donne aucun renseignement sur sa pureté et que tous les instruments, qui ont la prétention d'indiquer la pureté d'un lait en prenant sa densité, fournissent des *résultats complètement erronés* et ce n'est que par l'analyse complète qu'on peut en apprécier la pureté ; j'en dirai autant de ces instruments qui ont la prétention de faire connaître la valeur d'un lait en se fondant sur l'opacité du liquide.

2° Dosage des éléments normaux. — On doit faire les dosages suivants :

1° Extrait sec ;

2° Cendres ;

3° Matières organiques ;

4° Beurre ;

5° Caséine ;

6° Lactose ;

7° Albumine ;

8° Crème.

1° *Extrait sec.* — 10 centimètres cubes de lait additionnés de quelques gouttes d'*alcool absolu* sont évaporés dans une capsule de platine tarée, au bain-marie bouillant pendant 4 heures, puis on porte à l'étuve à 105° pendant 2 heures et on pèse. Le résultat multiplié par 100 donne la quantité d'extrait contenu dans un litre de lait.

2° *Cendres.* — On incinère au rouge sombre le résidu précédent, et on pèse après refroidissement. On multiplie par 100.

3° *Matières organiques.* — On retranche du poids de l'extrait sec le poids des cendres, on a ainsi le poids des matières organiques.

4° *Beurre.* — *Méthode d'Adam.* — Ce procédé imaginé par Adam donne d'excellents résultats ; pour cela on se sert du *galactolimètre d'Adam* dont voici la description ; il est constitué par un tube à 2 boules fermé par un robinet inférieur (fig. 42), une graduation spéciale indique de suite la proportion de beurre par litre de lait.

On introduit par aspiration dans l'appareil 10 centimètres cubes de lait à analyser, puis on verse par l'ouverture supérieure jusqu'au trait 32 centimètres cubes une liqueur ainsi composée : alcool à 75° ammoniacal 100 volumes, éther pur à 65° 100 volumes. (L'alcool à 75° ammoniacal s'obtient en ajoutant à 833 centimètres cubes d'alcool à 90° 30 centimètres cubes d'ammoniaque et complétant avec quantité suffisante d'eau distillée pour faire un litre). On

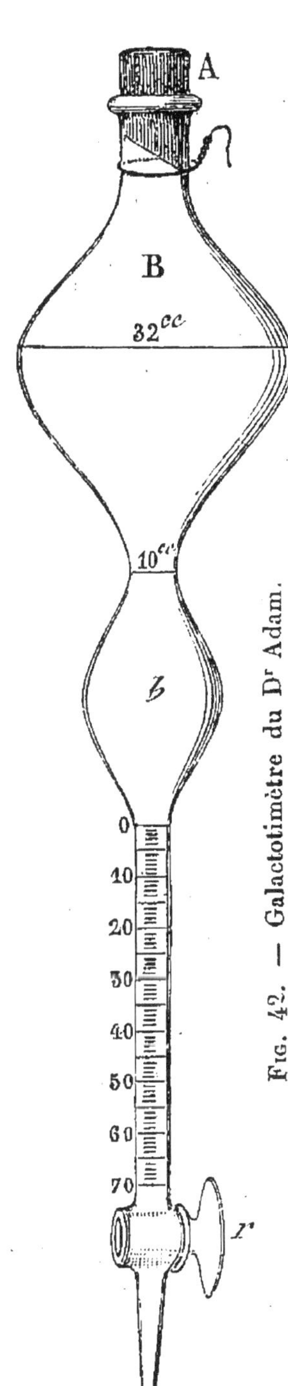

Fig. 42. — Galactotimètre du Dr Adam.

retourne doucement l'appareil à plusieurs reprises de façon à mélanger les liquides, on laisse reposer 5 minutes; il se forme deux couches, l'une supérieure qui contient tout le beurre, et une inférieure qu'on soutire avec soin, elle servira au dosage de la *caséine* et du *lactose*. On lave ensuite la solution butyreuse avec de l'eau distillée, en faisant couler doucement cette dernière à la surface du beurre, on agite en faisant rouler le tube entre les doigts, on laisse reposer 5 minutes, on soutire la couche aqueuse qu'on réunit au liquide précédent, on recommence le lavage avec de l'acide acétique à 15 pour 100, on soutire la solution acide dans le même vase que précédemment; on ajoute encore de l'acide acétique à 15 pour 100, on plonge, dans un bain-marie l'appareil qu'on a soin de déboucher, on élève progressivement la température jusqu'à 75°, on laisse écouler l'acide et on verse alors de l'acide jusqu'à la partie moyenne de la grosse boule, on élève la température jusqu'à 85° ou 90°, puis on laisse refroidir à 80°, alors on laisse couler la solution aqueuse jusqu'à ce que la couche butyreuse arrive au zéro de la graduation de l'instrument, il suffit alors de lire le nombre auquel s'arrête la couche de beurre pour avoir de suite la teneur du lait en beurre.

On peut simplifier considérablement les opérations en recueillant le beurre dans une capsule tarée après le lavage à l'acide acétique ; on lave l'appareil avec quelques centimètres cubes d'éther qu'on réunit au beurre, on évapore, sèche et pèse ; le résultat multiplié par 100 donne la quantité de beurre par litre de lait. On peut, dans ce dernier cas, remplacer l'appareil d'Adam par un simple tube à boules, les résultats sont très satisfaisants.

5° *Caséine.* — On réunit tous les liquides précédents, bientôt sous l'action de l'acide acétique, la caséine du lait se coagule, on recueille le précipité sur un filtre, on lave à l'eau distillée froide, on sèche et pèse ; le résultat multiplié par 100 donne la caséine.

Lorsqu'on a affaire à du lait de femme, ce procédé n'est pas applicable, car la caséine ne se coagule qu'incomplètement et il faut avoir recours au procédé suivant qui consiste à doser la somme des matières albuminoïdes, puis à doser l'albumine, la différence entre les deux nombres obtenus donne naturellement la caséine ; pour cela on prend 20 centimètres cubes de lait qu'on additionne de 80 centimètres cubes d'alcool fort, on laisse déposer quelque temps, puis on recueille le précipité sur un filtre taré, on le lave avec de l'alcool à 60 pour 100 ; on l'épuise par l'éther pur dans un appareil Soxhlet, on dessèche et on pèse ; on incinère le filtre et son précipité et on pèse les cendres qu'on retranche du poids obtenu ci-dessus ; on a ainsi la *totalité des matières albuminoïdes.*

Pour doser l'albumine, on prend 20 centimètres cubes de lait qu'on sature de sulfate de magnésie, on ajoute encore 100 centimètres cubes d'une solution saturée de ce sel ; on filtre pour séparer la caséine coagulée et lave le filtre avec une solution saturée de sulfate de magnésie. Le filtratum est porté à l'ébullition pendant quelques instants, on recueille l'albumine coagulée sur un filtre taré, on lave à l'eau, puis à l'alcool et pèse.

On incinère le filtre et on retranche du poids obtenu le poids des cendres ; on a ainsi l'*albumine proprement dite,* en retranchant le *poids d'albumine proprement dite du poids des matières albuminoïdes totales, on a par différence la caséine.*

5° *Lactose.* — Toutes les liqueurs précédentes, provenant du dosage de la caséine, sont portées à l'ébullition pour coaguler l'albumine, puis filtrées et amenées à 100 centimètres cubes; on y dose le lactose avec la liqueur de Fehling par le même procédé que l'on emploie pour le dosage du glucose dans l'urine ; mais il faut se rappeler que 0,07 de lactose possède le même pouvoir réducteur que 0,05 de glucose.

6° *Albumine*. — 50 centimètres cubes de lait sont additionnés d'eau distillée de façon à amener à 250 centimètres cubes, on ajoute quelques gouttes d'acide acétique, la caséine se coagule, on filtre et lave le précipité à l'eau distillée froide ; les eaux de lavage sont réunies et additionnées de sulfate de soude, on porte à l'ébullition, on recueille sur un filtre taré le précipité d'albumine qu'on lave à l'eau bouillante, on le pèse après dessiccation.

7° *Crème*. — Le dosage de la crème se fait au moyen du *crémomètre Chevalier* ou *Quevenne*; c'est une éprouvette de 0^m038, de diamètre intérieur et qui porte à 0^m,140 du fond un trait marqué 0, l'espace est divisé en 100 parties égales. On remplit l'éprouvette jusqu'au trait 0 de lait bien mélangé, on laisse déposer 24 heures dans un lieu frais, au bout de ce temps la crème est remontée à la partie supérieure, et il suffit de lire le nombre de divisions occupées par la couche de crème pour avoir de suite la quantité de crème renfermée dans 100 parties de lait. Les indications fournies par cet appareil sont fréquemment erronées ; de plus, dans les laits bouillis, la crème ne se rassemble pas à la surface, si ce n'est au bout d'un temps très long.

Indépendamment de la méthode que je viens d'indiquer pour l'analyse du lait, on peut aussi employer la méthode du Laboratoire municipal de Paris [1].

3° Recherche des falsifications. — La recherche des falsifications comprend :

1° Mouillage ;

2° Ecrémage ;

3° Addition de matières amylacées ;

4° Addition de dextrine ;

5° Addition de gomme ;

6° Addition de matières colorantes ;

7° Addition d'émulsions de graines ;

8° Addition de bicarbonate de soude ;

9° Addition de borate de soude ;

10° Addition d'acide salicylique ;

11° Distinction entre le lait frais et le lait cuit.

1° *Mouillage.* — Cette fraude sera facile à constater par la diminution des éléments normaux contenus dans le lait, diminution qui porte sur l'extrait sec, le beurre, le sucre de lait. Cependant avant de conclure au mouillage, il faudra se renseigner sur la nourriture des vaches qui ont produit le lait, car dans certains cas lorsqu'on nourrit les vaches avec des aliments très riches en eau tels que : betteraves, résidus de brasserie, le lait fourni par ces dernières est très riche en eau et pauvre en éléments solides ; ces laits, quoique n'étant pas mouillés, devront être

1. Girard et Dupré. Analyse des matières alimentaires.

considérés par le chimiste comme des laits de mauvaise qualité.

2° *Ecrémage*. — On devra soupçonner l'écrémage toutes les fois que la proportion de beurre est au-dessous de la moyenne.

3° *Addition de matières amylacées*. — On les reconnaît déjà au microscope, mais de plus l'eau iodée donne au lait contenant des matières amylacées une couleur bleue intense.

4° *Addition de dextrine*. — Elle se reconnaît à la couleur rouge vineuse que prend le lait au contact de l'eau iodée.

5° *Addition de gomme*. — Le lait, débarrassé de la caséine et d'albumine par coagulation à chaud en présence d'un peu d'acide acétique, fournit un sérum qui précipite abondamment par l'alcool et précipite par le perchlorure de fer.

6° *Addition de matières colorantes*. — Le sérum est plus ou moins fortement coloré en jaune.

7° *Addition d'émulsions de graines*. — On trouve au microscope à côté des globules de graisse *des débris de graines*.

8° *Addition de bicarbonate de soude*. — On tolère l'emploi de ce sel à faible dose pour conserver le lait.

Les laits additionnés de bicarbonate de soude renferment une quantité de matières minérales supérieures à 8 grammes par litre ; de plus si l'on dose l'acide carbonique dans les cendres de ces laits, on en trouve plus de 2 pour 100 ; ce dernier nombre est la quantité d'acide carbonique que renferment normalement les cendres du lait naturel.

9° *Addition de borate de soude.* — On incinère 100 grammes de lait, on place le produit de l'incinération dans un tube à essai avec un peu de fluorure de calcium et d'acide sulfurique concentré et pur, on ferme le tube avec un bouchon percé de 2 trous, dans lesquels passent 2 tubes, l'un est en communication avec un appareil à hydrogène, et l'autre est terminé en pointe. On fait passer l'hydrogène, on chauffe légèrement le tube à essai et on allume l'hydrogène à l'extrémité du tube effilé, ce dernier brûle avec une flamme verte due au fluorure de bore, si le lait contient du borax.

On peut encore rechercher le borax par le procédé suivant : on incinère 100 centimètres cubes de lait, les cendres sont délayées dans de l'acide sulfurique pur, on ajoute un peu d'alcool et on enflamme l'alcool qui brûle alors avec une flamme verte en présence du borax, cette flamme verte est très visible sur les bords.

10° *Addition d'acide salicylique.* — 100 à 150 centimètres cubes de lait sont portés à l'ébullition avec quelques gouttes d'acide acétique, on filtre et acidule le sérum par l'acide chlorhydrique, on épuise le liquide par de l'éther pur dans un tube à boules ; l'éther, chassé par évaporation, fournit un résidu, qui donne, en présence d'une solution très étendue de perchlorure de fer, une magnifique coloration violette, si le lait renferme de l'acide salicylique.

11° *Distinction entre le lait frais et le lait cuit.* — On distingue le lait cru du lait cuit par la présence des ferments oxydants dans le premier ; en effet le lait cru donne une teinte jaune orangé avec

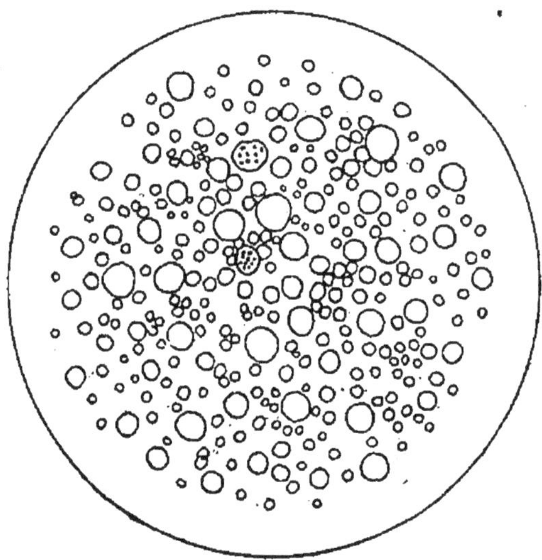

Fig. 43. — Lait normal (V. Bonnet)[1].

une goutte d'eau oxygénée et une solution aqueuse de gaïacol à 1/100 ; avec une solution d'hydroquinone au 1/10 la coloration est rose et au bout de quelques minutes on a un dépôt de cristaux verts de quinhydrone.

4° **Examen microscopique.** — Le lait normal examiné au microscope, laisse voir des globules

1. Bonnet. *Précis d'analyse microscopique des denrées alimentaires.* Paris, 1890.

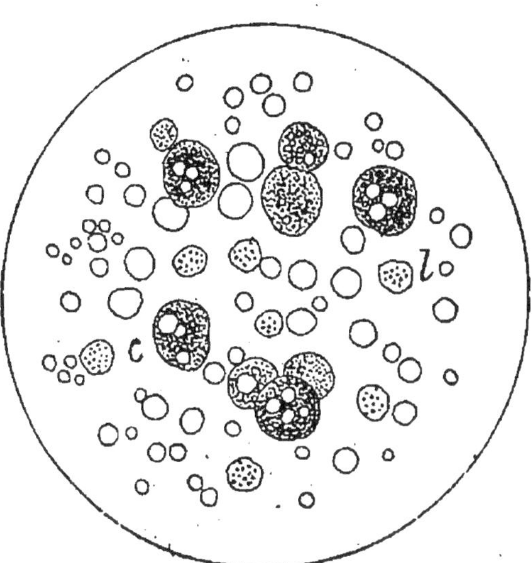

Fig. 44. — Colostrum. — *l*, leucocytes ; *c*, colostrum
(V. Bonnet).

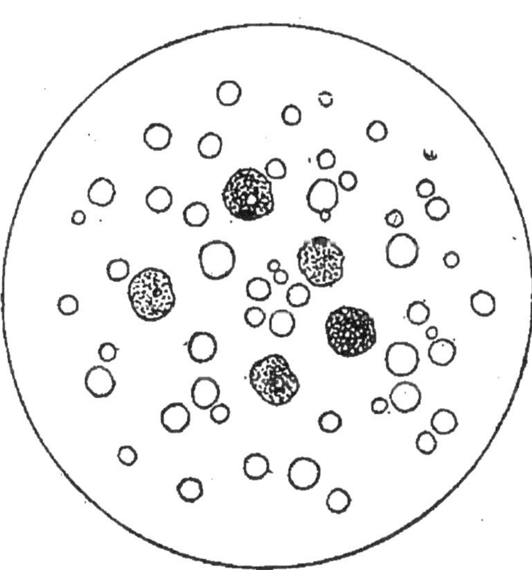

Fig. 45. — Lait avec pus (V. Bonnet).

graisseux de 2 dimensions, les uns très petits et les autres d'une dimension plus considérable (fig. 43).

Dans les premiers jours de la lactation on trouve dans le lait du colostrum (fig. 44), liquide contenant des cellules graisseuses à contours mal délimités, et renfermant une masse granuleuse ; à côté de ces cellules il y a toujours des leucocytes.

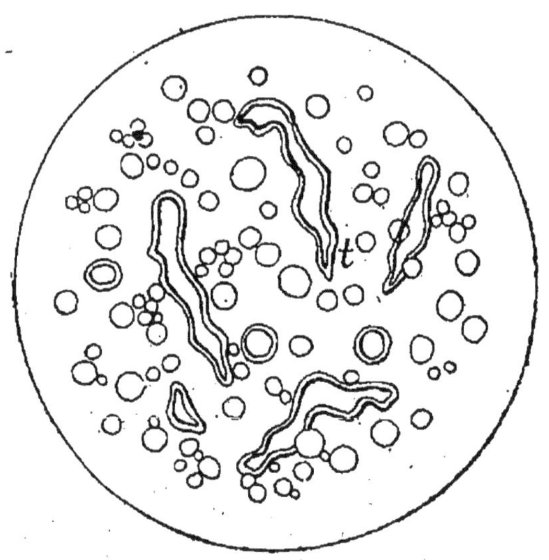

Fig. 46. — Lait additionné de cervelle (V. Bonnet).

Les globules de pus (fig. 45) apparaissent avec leur contenu granuleux et nucléolé.

Le sang se reconnaît par ses globules plus ou moins rougeâtres.

Enfin il existe une falsification qui se pratiquait souvent autrefois, c'est l'addition au lait de cervelles broyées ; on les reconnaît facilement (fig. 46).

Un certain nombre de falsifications signalées plus haut peuvent également être reconnues au microscope.

5° Conclusions. — Grâce aux caractères organoleptiques et à la proportion des éléments normaux renfermés dans le lait, on pourra tirer des conclusions au point de vue de sa qualité, on dira par exemple que le lait est bon, passable ou médiocre, etc., etc.

On signalera la présence des substances ajoutées frauduleusement ; quant au mouillage il faudra se rappeler ce que j'ai dit à propos des variations de la composition du lait, suivant les différents régimes.

Enfin on signalera avec soin ce que l'examen microscopique a révélé.

Souvent on demande au chimiste, si un lait est propre à l'alimentation d'un nourrisson ; dans ces conditions après avoir déterminé la composition exacte du lait, on recherchera avec soin les falsifications soit par les moyens chimiques, soit par le microscope, et enfin on déterminera dans quelles proportions il devra être dilué pour servir à l'alimentation du nouveau-né, car, comme on le sait, le lait de vache contient plus de beurre et de caséine que le lait de femme ; pour les laits de bonne qualité on a l'habitude de les diluer ainsi : 1/4 de lait pour 3/4 d'eau pure ou sucrée pendant la première semaine ; moitié eau et moitié lait pendant les 3 premiers mois ; 1/4 d'eau et 3/4 de lait jusqu'au sixième mois ; et ensuite le lait pur.

Tableau donnant par litre la composition des principaux laits.

	VACHE	CHÈVRE	ANESSE	BREBIS	FEMME moyenne
Densité. . .	1,032	1,034	1,034	1,0341	1,027
Extrait sec..	133	138	103,6	196,80	125,90
Cendres.. .	7	7,40	5,10	8.90	6
Beurre. . .	40	46,90	16,40	68,60	37.80
Caséine.. .	35	34,4	67	49,70	10,30
Lactose.. .	50	45	59,90	49,10	62
Albumine. .		4,2	15,5	15,5	12,6

Exemple d'analyse d'un lait, normal, bouilli, faite par l'auteur

Odeur : Normale.
Couleur : Blanc jaunâtre.
Densité : 1,030.

ÉLÉMENTS NORMAUX

Extrait sec à 100°.. . . 132^{gr},40 par litre.
Cendres. . . . . . . 7^{gr},75   —
Matières organiques.. . 123^{gr},65   —
Beurre.. . . . . . . 25^{gr} —
Lactose. . . . . . . 51^{gr},94   —
Crème.. . . . . 7 pour 100

RECHERCHE DES FALSIFICATIONS

Mouillage.	Non mouillé.
Écrémage.	Non écrémé.
Matières amylacées.. . . .	Néant.
Dextrine..	Néant.
Gomme.	Néant.
Matières colorantes.. . . .	Néant.
Émulsions de graines. . . .	Néant.
Bicarbonate de soude. . . .	Néant.
Borate de soude..	Néant.
Acide salicylique.	Néant.

Le lait ne donne pas la réaction des oxydases.

EXAMEN MICROSCOPIQUE

On ne constate rien d'anormal.

CONCLUSIONS

Le lait est bon, mais il a été bouilli.

§ 7. — BILE

Dans la pratique on fait rarement des analyses de bile, mais cependant depuis que les opérations sont pratiquées avec succès sur les voies biliaires, on a quelquefois à examiner de la bile recueillie dans le cours d'une opération.

L'analyse de la bile comprend les dosages suivants :

1° Extrait sec ;

2° Cendres ;

3° Cholestérine et graisse ;

4° Sels biliaires ;

5° Mucine et pigments.

1° Extrait sec. — 10 centimètres cubes de bile sont évaporés au bain-marie, puis desséchés complètement à l'étuve à 100° et on pèse. Le résultat est multiplié par 100.

2° Cendres. — Le résidu précédent est incinéré au rouge sombre, puis pesé après refroidissement et on multiplie le résultat par 100.

3° Cholestérine et graisse. — 20 grammes de bile sont intimement mélangés à 10 grammes de sable fin et lavé ; on dessèche à l'étuve et pulvérise la masse après refroidissement. On épuise la poudre dans un appareil Soxhlet par l'éther pur ; le dissolvant évaporé laisse comme résidu la cholestérine mélangée aux matières grasses, on pèse ce résidu après dessiccation à l'étuve et le traite au bain-marie par de la potasse alcoolique, on dessèche complètement, et épuise par l'éther, qui dissout la cholestérine ; le dissolvant éthéré laisse cette dernière par évaporation et on la pèse après dessiccation, en retranchant ce poids du précédent on a *les matières grasses* ; on multiplie les résultats par 50.

4° Sels biliaires. — Après avoir épuisé par l'éther les 20 grammes de bile ci-dessus, on épuise dans le même appareil Soxhlet par de l'alcool fort et bouillant qui dissout les sels biliaires, il suffit alors d'évaporer l'alcool et de dessécher le résidu de sels biliaires, et de le peser. On multiplie le résultat par 50.

5° **Mucine et pigments.** — On les obtient par différence en retranchant de 1000 les poids de *cholestérine, graisse* et *sels biliaires* renfermés dans 1000 grammes de bile.

Composition de la bile (Hammarsten).

	BILE	
	des canaux hépatiques	de la vésicule
Résidu fixe.	25,8 p. 100	170,3 p. 100
Mucine et pigments.. .	5,5 —	41,7 —
Taurocholate de soude..	1,5 —	27,4 —
Glycocholate de soude..	9,3 —	69,5 —
Acides gras..	0,8 —	11,2 —
Cholestérine..	0,9 —	9,9 —
Lécithine..	0,5 —	2,2 —
Graisse.	0,7 —	1,9 —
Sels solubles.	8 —	2,8 —
Sels insolubles.. . . .	0,3 —	2,2 —

§ 8. — SALIVE

Dans quelques cas de sialorrhée on a à faire des analyses de salive, pour cela on suivra la marche suivante :

1° Caractères organoleptiques ;

2° Dosage des principaux éléments ;

3° Examen microscopique.

MARTZ. — Chimie physiologique.   12

1° Caractères organoleptiques. — a) *Couleur.* — La salive normale est incolore, mais dans certains cas pathologiques, elle peut se colorer en jaune par la bile.

b) *Aspect.* — La salive est opaline, elle renferme quelques particules en suspension.

c) *Réaction.* — Elle est alcaline à l'état normal, mais, comme on le verra un peu plus loin, elle devient acide dans beaucoup de maladies.

d) *Densité.* — La densité est très faible, elle est comprise entre 1,002 et 1,006.

2° Dosage des éléments normaux. — a) *Extrait sec.* — On dessèche au bain-marie 20 centimètres cubes de salive, on termine à l'étuve et on pèse ensuite ; le résultat multiplié par 50 donne les matériaux fixes par litre.

b) *Cendres.* — On incinère au rouge sombre le résidu de la capsule précédente et on pèse après refroidissement.

c) *Matières organiques.* — Les matières organiques sont obtenues en retranchant les cendres du poids de l'extrait sec.

d) *Chlorures et phosphates.* — On dose les chlorures sur 10 centimètres cubes, en suivant le même *modus operandi* que pour l'urine ; j'en dirai autant pour le dosage des phosphates.

e) *Recherche du sulfocyanate.* — La salive est légèrement acidulée par l'acide chlorhydrique, on ajoute une trace de perchlorure de fer, et on obtient une magnifique coloration rouge en présence du sulfocyanate de potassium que la salive renferme normalement ; il est probable que cet acide sulfocyan-hydrique provient du dédoublement de l'albumine.

f) *Recherche de la ptyaline*. — La ptyaline est un ferment contenu dans la salive normale, elle a la propriété de saccharifier l'amidon en donnant du maltose, une trace de glucose, et un peu de dextrine, son action est favorisée par une légère alcalinité.

Pour rechercher la ptyaline dans la salive, on commence par alcaliniser cette dernière, si elle était acide, on ajoute de l'empois d'amidon à 2/100 [1] et on place le tout à l'étuve à 39° pendant 20 minutes environ ; au bout de ce temps le liquide doit réduire abondamment la liqueur de Fehling.

Si l'on veut comparer la puissance saccharifiante de 2 salives, on opérera de la manière suivante : on placera pendant 20 minutes à l'étuve 5 centimètres cubes de chaque salive additionnés de 50 centimètres cubes d'eau amidonnée à 2/100 ; au bout de ce temps on porte à l'ébullition pour arrêter l'action de la ptyaline ; on étend d'eau après refroidissement et on dose le maltose avec les matières réductrices par la liqueur de Fehling ; et on en déduit facilement la quantité de maltose produit par les 2 salives à comparer.

3° Examen microscopique. — La salive normale renferme en suspension des cellules épithéliales, des

1. Voir pour la préparation de l'eau amidonnée, page 101.

matières alimentaires et une quantité considérable de microbes, dans le détail desquels je n'ai pas à entrer.

Pathologie. — La salive devient acide dans toutes les affections inflammatoires de la bouche ; dans l'ictère la salive est colorée en jaune ; dans le diabète la salive est rendue acide par l'acide lactique, elle ne contient pas forcément du glucose. Enfin la salive est encore acide chez les dyspepsiques, les fébricitants, les phtisiques, les scrofuleux, les rachitiques, et chez les malades atteints d'ulcère de l'estomac.

Composition de la salive mixte (Jacubowitsch).

Résidu sec.	4,84 pour 108
Ptyaline et albumine..	2,09 —
Corps gras et extrait alcoolique	Traces.
Sulfocyanate de potassium..	0,07 —
Chlorures de sodium et de potassium..	0,84 —
Phosphate de soude.	0,94 —
Sulfate de soude.	Traces
Chaux et magnésie.	0,04 —

CHAPITRE III

CALCULS

§ 1. — CALCULS VÉSICAUX

L'examen des calculs vésicaux comprend : 1° *les caractères organoleptiques* ; 2° *l'analyse qualitative* ; 3° *l'analyse quantitative.*

1° Caractères organoleptiques. — Pour bien examiner un calcul, surtout s'il est volumineux, on a l'habitude de le scier par le milieu, de cette façon on se rend compte des couches qui le composent, car la plupart du temps le calcul est formé d'un noyau, composé de corps étrangers, ou de concrétions diverses, noyau qui a servi de base au calcul ; ce noyau peut être de même nature que la substance qui forme le calcul. Avant d'étudier l'analyse qualitative des calculs, il faut donner les principaux caractères auxquels on les reconnaît.

Calculs uratiques. — Ce sont les plus fréquents, ils sont de grosseur très variable et sont de couleur jaune, rouge ou brune (fig. 47).

Calculs d'oxalate de chaux. — Ils sont très durs

et présentent beaucoup d'aspérités, ils sont généralement jaunes ou bruns (fig. 48).

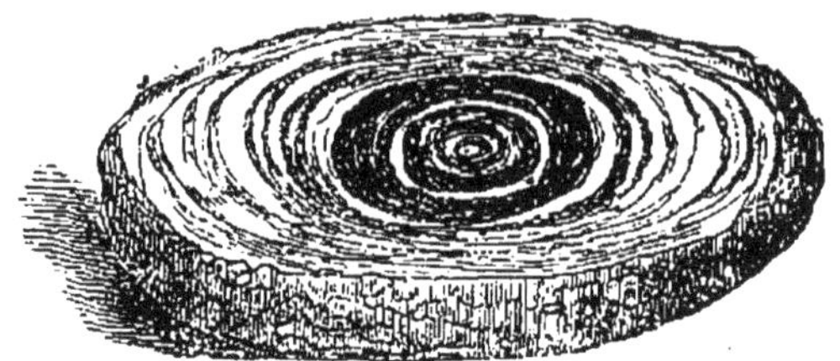

Fɪɢ. 47. — Calcul uratique à noyau d'oxalate de chaux.

Calculs phosphatiques. — Ils sont très friables, et ont souvent de grandes dimensions, ils ont une couleur claire, à moins qu'ils soient recouverts d'une couche de pigments (fig. 49).

Calculs de carbonates. — De couleur grise ils sont faciles à pulvériser.

Fɪɢ. 48. — Calcul d'oxalate de chaux.

Les calculs de cystine et de xanthine sont blancs et très légers.

Les calculs d'urostéalithe sont généralement mous.

Enfin on rencontre très rarement des calculs d'indigo, ils sont colorés en bleu.

2° Analyse qualitative. — On réduit le calcul en poudre. S'il présente des zones différentes, il est nécessaire de faire l'analyse qualitative de chacune de ces zones.

Quelquefois ces zones n'ont pas de limites bien nettes, ou bien elles n'ont qu'une faible épaisseur, et dans ces cas il est à peu près impossible de prélever des échantillons des différentes couches que forment le calcul, je crois qu'il est préférable de pulvériser tout le calcul et d'en former une poudre homogène dont on déterminera la composition par l'analyse qualitative.

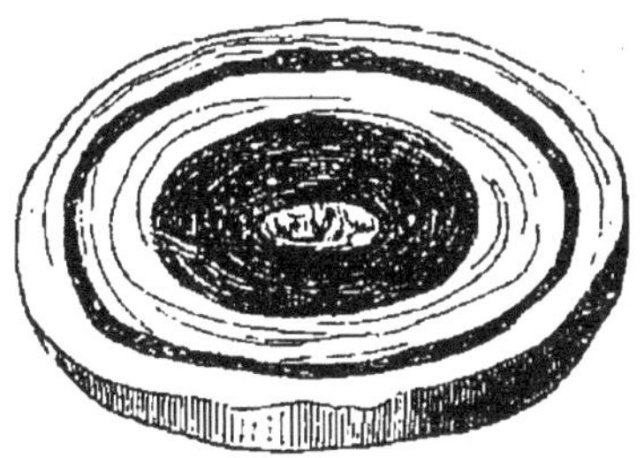

Fig. 49. — Calcul phosphatique à noyau d'acide urique.

Si le calcul avait pour noyau un corps étranger introduit dans la vessie, il est bien entendu qu'il faudra enlever ce dernier avant de broyer le calcul.

L'analyse qualitative des calculs vésicaux a beaucoup d'analogie avec l'analyse chimique des sédiments urinaires, on pourrait à la rigueur se servir du même tableau qu'on emploie pour déterminer la composition qualitative de ces derniers, mais pratiquement je crois qu'il vaut mieux avoir recours au tableau suivant :

Tableau de l'analyse d'un calcul (Hugounencq).

On chauffe sur une lame de platine le calcul réduit en poudre :

Est combustible sans résidu notable

- *Sans flamme* :
  - Donne la réaction de la murexide. — A chaud avec une solution concentrée de potasse on obtient. . .
    - Pas d'ammoniaque. . . . . **Acide urique.**
    - Dégagement d'ammoniaque. . . **Urate d'ammoniaque.**
  - Ne donne pas la réaction de la murexide. . . . . **Xanthine (très rare).**
- *Avec flamme* :
  - Flamme bleue. La poudre est soluble dans l'ammoniaque et donne avec le sous-acétate de plomb et la potasse à l'ébullition un précipité noir. . . . **Cystine (rare).**
  - A la combustion, odeur de corne brûlée. Poudre soluble à chaud dans la potasse concentrée. . . . **Fibrine (rare).**
  - A la combustion, odeur de résine brûlée. La poudre est soluble dans l'éther. . . . . **Urostéalithe (très rare).**

N'est pas combustible, traitée par HCl dilué la poudre

- Fait effervescence. . . . . **Carbonate de chaux.**
- Ne fait pas effervescence, on calcine au rouge sombre et traite le résidu par HCl dilué.
  - Il y a effervescence. . . . . **Oxalate de chaux.**
  - Il n'y a pas d'effervescence.
    - Le calcul donne à chaud avec la potasse un dégagement d'ammoniaque. Précipité à chaud avec molybdate d'ammoniaque. . . **Phosphate. Ammoniaco-magnésien.**
    - Pas d'ammoniaque avec la potasse. Précipité à chaud avec molybdate d'ammoniaque.. . . . . . **Phosphate. Tricalcique.**

3° Analyse quantitative. — Il est assez difficile de donner une marche générale pour l'analyse quantitative d'un calcul, il est certain que l'analyse qualitative indiquera les corps qu'on devra doser.

Voici donc les principaux dosages qu'on fera selon les cas.

Eau. — On dessèche à l'étuve 10 grammes de poudre de calcul, et on pèse ; on en déduit l'humidité pour 10 et de là pour 100.

Cendres. — Le résidu précédent est incinéré au rouge sombre, et on pèse, on a ainsi les cendres.

Matières organiques. — En retranchant du poids de la substance sèche les cendres on a les matières organiques par différence.

Ammoniaque. — On pèse 0,25 à 0,50 de calcul pulvérisé, qu'on introduit dans un appareil de Schloesing (page 43) avec 3 ou 4 grammes de magnésie, fraîchement calcinée et 200 centimètres cubes d'eau environ ; on distille et recueille dans 25 centimètres cubes d'acide sulfurique normal additionné de phénol phtaléine ; on titre par la soude normale l'excès d'acide non saturé par l'ammoniaque, et si N est le nombre de centimètres cubes employés, et si l'on opère sur 0,50 de poudre, la quantité d'ammoniaque contenue dans 100 grammes de calcul sera donnée par la formule :

$$\frac{(25 - N) \times 0,017 \times 100}{0,50}$$

Chaux. — On prend 1 gramme de poudre de

calcul qu'on calcine pour détruire les matières organiques ; on dissout le résidu dans un peu d'eau acidulée par l'acide chlorhydrique, on verse dans un ballon
jaugé à 100 centimètres cubes, on ajoute de l'ammoniaque goutte à goutte jusqu'à ce qu'on obtienne
un léger précipité qu'on redissout dans l'acide acétique ; enfin on complète avec de l'eau distillée jusqu'à 100 centimètres cubes. On filtre et on prélève
50 centimètres cubes du filtratum qu'on porte à
l'ébullition ; on précipite la chaux avec l'oxalate
d'ammoniaque, qu'on ajoute jusqu'à ce que la liqueur
cesse de précipiter. On recueille le précipité sur un
filtre [1], on le lave à l'eau bouillante, on le sèche et
calcine dans un creuset de platine ; puis on imbibe
la masse avec quelques gouttes d'acide sulfurique,
sèche et calcine de nouveau, on pèse enfin le sulfate de chaux.

Le poids de sulfate de chaux multiplié par 0,411
puis par 200 donne la quantité de chaux renfermée
dans 100 grammes de calcul.

Magnésie. — La liqueur précédente débarrassée
de la chaux, est additionnée de chlorhydrate d'ammoniaque et de phosphate de soude ; on alcalinise
fortement à l'aide de l'ammoniaque, toute la magnésie se précipite à l'état de phosphate ammoniaco-

---

1. Les filtres ordinaires laissent passer le précipité
d'oxalate de chaux, on doit se servir de filtres spéciaux
qu'on trouve facilement dans le commerce.

magnésien ; on laisse reposer 12 heures et on recueille le précipité sur un petit filtre, on le lave à l'eau ammoniacale au 1/3, on le sèche et on le calcine dans un creuset de platine ; il se transforme alors en pyrophosphate de magnésie qu'on pèse.

Le poids de pyrophosphate de magnésie multiplié par 0,360 puis par 200 donne la magnésie renfermée dans 100 grammes de calcul.

Acide phosphorique. — On emploie la même solution qui a servi au dosage de la chaux (car il en reste 50 centimètres cubes environ) on en prend donc 20 centimètres cubes qu'on place dans un verre à pied, on ajoute 20 centimètres cubes d'une liqueur de citrate d'ammoniaque faite en dissolvant dans 1000 centimètres cubes d'ammoniaque 400 grammes d'acide citrique et filtrant.

On agite et ajoute 10 centimètres cubes de mixture magnésienne contenant par litre 150 grammes de chlorure d'ammonium et 150 grammes de chlorhydrate d'ammoniaque ; on alcalinise fortement par l'ammoniaque et laisse reposer 12 heures. On recueille le précipité de phosphate ammoniaco-magnésien sur un filtre, lave à l'eau ammoniacale au 1/3, sèche, calcine et pèse.

Le poids de pyrophosphate de magnésie, multiplié par 0,639 puis par 500 donne la quantité d'acide phosphorique contenu dans 100 grammes du calcul.

Acide oxalique. — On dissout 1 gramme de calcul dans l'eau aiguisée d'acide chlorhydrique, on

amène à 100 centimètres cubes par de l'eau distillée,
on filtre et prélève 50 centimètres cubes du filtratum
qu'on additionne d'une solution de chlorure de calcium ; on alcalinise la liqueur par un léger excès
d'ammoniaque, on acidule ensuite franchement par
l'acide acétique et agite fortement.

Après un repos de 12 heures, on recueille le précipité d'oxalate de chaux, on le lave à l'eau, sèche,
et calcine ; on humecte avec un peu de carbonate
d'ammoniaque, calcine très légèrement et pèse à
l'état de carbonate de chaux qui, multiplié par 1,08
et par 200 donne l'acide oxalique contenu dans 100
grammes de calcul.

Acide carbonique. — On se sert de l'appareil
de Bobierre (fig. 40) il se compose d'un ballon en
verre mince B fermé par un bouchon percé de 2
trous. Dans l'un d'eux pénètre un tube $m\,p$, ayant
un renflement $m\,n$, à tige très étroite $n\,p$, qui des-
cend presque au fond, et dont l'orifice supérieur
peut être fermé à l'aide d'un bouchon l.

Dans l'autre trou passe un tube v dont l'extrémité
inférieure ne dépasse que très peu le bouchon, sa
partie supérieure coudée présente un renflement,
contenant de la ponce imbibée d'acide sulfurique, et
communique librement avec l'atmosphère.

On pèse 1 gramme de poudre de calcul qu'on
place dans le ballon, puis on remplit par aspiration
le tube mn d'acide azotique étendu, on bouche vivement avec le bouchon l, de façon que l'acide ne

s'écoule pas dans le ballon ; on pèse le tout sur la balance de précision.

On débouche l, l'acide tombe sur la poudre de calcul, l'acide carbonique se dégage ; lorsque la

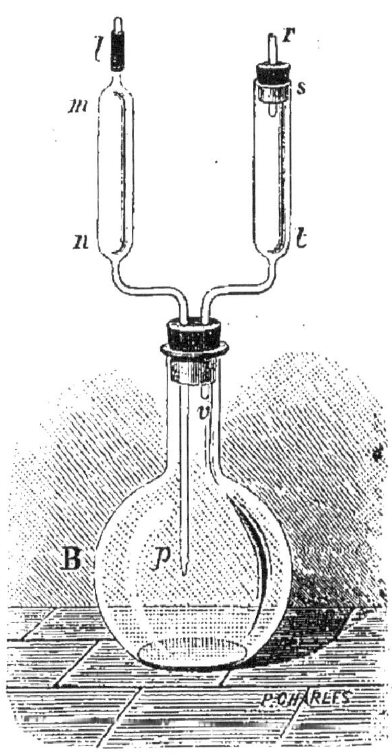

Fig. 50. — Appareil de Bobierre pour le dosage de l'acide carbonique.

réaction est terminée on souffle par l de l'air de façon à chasser tout l'acide carbonique, on bouche l et pèse.

La différence entre les 2 poids donne l'acide car-

Martz. 13

bonique dégagé, il suffit de multiplier ce résultat par 100 pour avoir le poids d'acide carbonique contenu dans 100 grammes de calcul.

Acide urique. — On épuise par l'eau bouillante additionnée de soude, 1 gramme de calcul pulvérisé ; et dans la liqueur on dose l'acide urique par la méthode Hermann-Haycraft, en opérant sur la totalité du liquide ou sur une portion suivant la richesse présumée en acide urique. (Voir dosage de l'acide urique dans l'urine.)

Analyses de calculs par l'auteur.

	1	2
Acide phosphorique...	25,56 p. 100	22,36 p. 100
Magnésie........	23,76 —	15 —
Chaux.........	5,6 —	7 —
Matières organiques...	5 —	10 —

§ 2. — CALCULS BILIAIRES

Comme pour les calculs vésicaux on doit faire : 1° *l'analyse qualitative*, 2° *l'analyse quantitative*.

Les caractères organoleptiques facilitent beaucoup l'analyse qualitative.

1° Caractères organoleptiques et analyse qualitative. — Souvent les calculs ne sont pas homogènes et il faut faire alors l'examen qualitatif dans plusieurs régions.

Voici les caractères des principaux calculs :

1° *Calculs blancs, à toucher gras,* presque complètement solubles dans l'éther, insolubles dans la

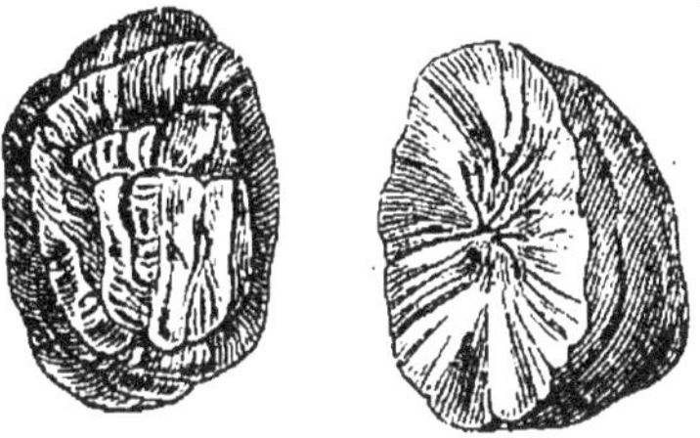

Fig. 51. — Calculs de cholestérine.

potasse caustique et laissant peu de résidu par la calcination, ce sont des calculs de cholesterine (fig. 51).

2° *Calculs fortement colorés,* durs, à contours

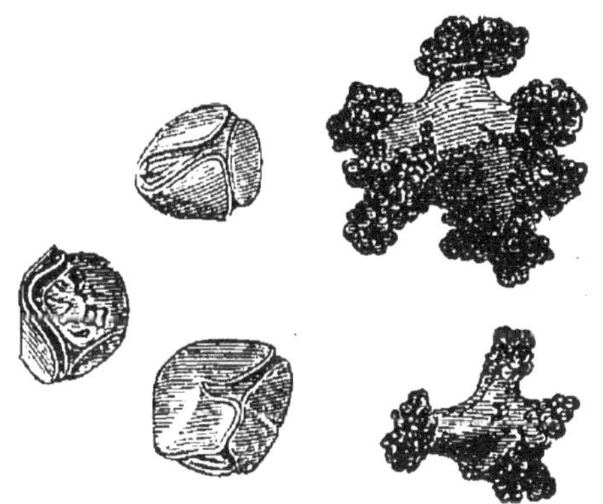

Fig. 52. — Calcul de pigment.

anguleux, solubles dans la potasse, ne cédant presque rien à l'éther et laissant peu de résidu à la calcination, ce sont des calculs de pigments (fig. 52).

3° *Calculs insolubles dans les dissolvants précédents* et ne changeant pas sensiblement à la calcination, ce sont des calculs formés de matières minérales.

On a signalé des calculs formés d'acide stéarique en majeure partie. (Fouquet.)

2° **Analyse quantitative.** — Lorsqu'on a déterminé la composition du ou des calculs, on pulvérise le ou les calculs de façon à constituer un échantillon homogène. Il est naturel que la marche à suivre dans l'analyse quantitative variera suivant la composition du calcul et c'est au chimiste de modifier lui-même le procédé d'analyse que je donne ci-dessus.

On doit faire les déterminations suivantes :

1° Eau ;

2° Cendres ;

3° Sels solubles ;

4° Matières organiques solubles dans l'eau ;

5° Sels biliaires ;

6° Graisse et cholestérine ;

7° Pigments ;

8° Sels insolubles ;

9° Mucus et matières organiques insolubles.

1° *Eau.* — On dessèche 10 grammes de poudre de calcul à l'étuve à 105° et on pèse ; on en déduit l'eau pour 10 grammes puis pour 100 en multipliant par 10.

2° *Cendres.* — On incinère le résidu précédent

au rouge sombre et pèse ; le résultat est multiplié par 10.

3° *Sels solubles*. — On épuise par l'eau bouillante 10 grammes de calcul à plusieurs reprises, recueille sur un filtre et lave à l'eau bouillante à plusieurs reprises, on conserve ce résidu insoluble A pour d'autres déterminations.

Tous les liquides sont réunis, mesurés et partagés en 2 parties égales B et C. La portion B est évaporée au bain-marie dans une capsule de platine, puis séchée à l'étuve et on en prend le poids, on incinère au rouge sombre et on pèse ; le résultat multiplié par 2, puis par 10, donne la quantité de *sels solubles* renfermés dans 100 grammes de calcul.

4° *Matières organiques solubles dans l'eau*. — On retranche du poids du résidu fourni par l'évaporation du liquide B, le poids des cendres de ce même liquide et on a les *matières organiques solubles dans l'eau*. On multiplie par 2 puis par 10.

5° *Sels biliaires*. — On évapore au bain-marie le liquide B et on l'épuise à plusieurs reprises par de l'alcool éthéré, ce dernier dissolvant laisse par évaporation *les sels biliaires* qu'on pèse après dessiccation ; le résultat multiplié par 2 et par 10 donne les sels biliaires pour 100.

6° *Graisse et cholestérine*. — Le résidu A parfaitement sec est épuisé dans un appareil Soxhlet par de l'éther pur qui s'empare de la cholestérine et de la graisse, on évapore l'éther et pèse le résidu après dessiccation. On le saponifie par de la potasse alcoolique au bain-marie, on dessèche et épuise par l'éther qui dissout la *cholestérine*, qu'on pèse ; on retranche du poids total, graisse et cholestérine, le poids de cholestérine et on a la graisse ; les résultats sont multipliés par 10.

7º *Pigments*. — Le résidu A, après l'extraction de la graisse et cholestérine, est épuisé à plusieurs reprises par de l'eau acidulée par l'acide chlorhydrique, on recueille sur un filtre taré et lave à l'eau acidulée ; on sèche et pèse ce résidu, on l'épuise dans un appareil Soxhlet d'abord par le chloroforme bouillant puis par l'alcool bouillant, on sèche le résidu et on le pèse, par différence avec le poids précédent on a le poids *des pigments*.

8º *Sels insolubles*. — On évapore à sec la solution chlorhydrique, provenant du traitement du résidu A, on ajoute le résidu après traitement par le chloroforme et l'alcool, on sèche et pèse, on a un poids P.

On incinère au rouge sombre et on pèse, on a *les sels insolubles* ; le résultat doit être multiplié par 10.

9º *Mucus et substances organiques insolubles.*— On retranche du poids P le poids des cendres pour obtenir le *poids du mucus et substances organiques insolubles*, le résultat est multiplié par 10.

§ 3. — CALCULS INTESTINAUX

Les calculs intestinaux se rencontrent dans les matières fécales, leur forme et leur composition sont assez variables : tantôt ce sont de petites masses assez dures, noirâtres, d'autres fois ce sont de petits grains analogues à du sable. Il ne faut pas confondre les calculs intestinaux avec les calculs biliaires qui se trouvent mélangés aux matières fécales après une colique hépatique.

Les calculs intestinaux sont formés de matières minérales (phosphate de chaux, phosphate ammoniaco-magnésien, carbonate de chaux, oxalate de chaux,, etc.) de matières organiques (savons de chaux et graisses).

Pour analyser les calculs intestinaux, on déterminera l'eau, les cendres, les matières organiques, les phosphates, oxalates et bases par les mêmes procédés qu'on a employés pour les calculs vésicaux.

Quant à la graisse et aux savons, on épuisera la poudre du calcul par de l'éther de pétrole qui enlève la graisse que l'on peut peser ; le résidu séparé de la graisse est traité à chaud par de l'acide chlorhydrique étendu, on recueille les acides gras mis en liberté, on les lave, sèche et pèse.

Dans quelques cas d'appendicite, on trouve un calcul dans l'appendice au moment où l'on fait la laparotomie ; or il est intéressant de savoir si ce calcul est un calcul biliaire, qui au lieu de cheminer normalement vers l'anus, s'est engagé dans l'appendice, ou bien si c'est un calcul qui s'est formé dans l'appendice même ; pour répondre à cette question, il suffit d'examiner le calcul et d'y rechercher les éléments constituant les calculs biliaires, c'est-à-dire la cholestérine, ou les pigments biliaires ou les sels biliaires. Si le calcul est formé de l'une ou l'autre de ces 3 substances on peut affirmer que c'est un calcul biliaire qui a pénétré dans l'appendice.

Analyse de calculs intestinaux faite par l'auteur.

Matières organiques.. . . . . . 90 p. 100
Matières minérales. 10   —

COMPOSITION DES CALCULS

Eau.. 7   p. 100
Matières grasses.. . . . . 2,5 —
Savons solubles dans l'alcool. . . 0,5 —
Matières insolubles.. 90   —

COMPOSITION DES CENDRES

Acide phosphorique. . . . . . 28 p. 100
Chaux.. 52   —
Magnésie . . . . 0,9 —
Silice, alumine, fer et pertes. . . 2,6 —

§ 4. — CALCULS SALIVAIRES

Les calculs salivaires sont généralement assez petits, leur poids est de quelques grammes en moyenne. Ils sont généralement un peu mous. Ils sont formés de matières organiques et de sels tels que phosphates, carbonates, etc.

On se contentera généralement d'en faire l'analyse qualitative et de déterminer la présence des matières organiques, en chauffant une parcelle de calcul sur une lame de platine.

La chaux sera caractérisée en dissolvant la poudre dans l'acide chlorhydrique, alcalinisant par l'ammoniaque, puis acidulant par l'acide acétique, on aura un précipité blanc par l'oxalate d'ammoniaque en présence de la chaux ; après avoir éliminé complètement la chaux par l'oxalate d'ammoniaque, la liqueur donnera un précipité blanc cristallin de phosphate ammoniaco-magnésien avec le phosphate de soude et l'ammoniaque si elle contient de la magnésie.

On recherchera l'acide phosphorique en dissolvant dans l'acide azotique étendu un peu du calcul préalablement calciné et ajoutant un peu de liqueur de nitromolybdate d'ammoniaque, on obtient en chauffant un peu un précipité jaune de phosphomolybdate d'ammoniaque. L'acide carbonique sera

13.

reconnu à l'effervescence que le calcul fera avec les acides.

Enfin les sulfocyanates seront recherchés en traitant le calcul par de l'eau légèrement aiguisée par l'acide chlorhydrique, cette liqueur donnera une coloration rouge avec une trace de perchlorure de fer s'il y a des sulfocyanates.

CHAPITRE IV

MATIÈRES ALBUMINOIDES ET FERMENTS SOLUBLES

§ 1. — ALBUMINES

On emploie en pharmacie ou dans l'industrie 3 espèces d'albumines : *l'albumine du sang*, *l'albumine d'œuf*, et *l'albumine de poissons*.

L'examen chimique de ces 3 sortes d'albumine se fait de la même façon, et on a l'habitude de faire les opérations suivantes :

1º Recherche qualitative des matières insolubles ;

2º Recherche qualitative de la caséine :

3º Recherche qualitative de la gélatine ;

4º Recherche qualitative des matières minérales ;

5º Dosage de l'eau ;

6º Dosage de l'albumine.

1º Recherche qualitative des matières insolubles. — On dissout une certaine quantité d'albumine dans l'eau distillée froide et on examine la partie insoluble : elle peut être formée soit de coquilles d'œufs dans le cas d'albumine de l'œuf, soit d'albumine coagulée qu'on reconnaît à l'aspect caillebotté, soit de farine qui se présente sous la forme d'une poudre blanche que l'iode colore en bleu ; enfin on peut encore rencontrer des matières inertes, telles que du sable, de la terre, etc. Il est facile de comprendre que si l'on veut faire le dosage de ces matières, il suffit de les recueillir sur un filtre taré et de les peser après lavage et dessiccation.

2° Recherche qualitative de la caséine. — La solution précédente, parfaitement filtrée, est additionnée d'un peu d'acide acétique qui donne un précipité en présence de la caséine.

3° Recherche qualitative de la gélatine. — La solution d'albumine est additionnée de sulfate de soude et acide acétique, on porte à l'ébullition qu'on maintient quelques instants et on filtre, le filtratum précipite en blanc par le tannin, s'il contient de la gélatine.

4° Recherche qualitative des matières minérales. — On incinère une certaine quantité de l'albumine suspecte, l'albumine pure, comme on le sait, laisse très peu de cendres.

5° Dosage de l'eau. — On pèse très exactement dans une capsule tarée 10 grammes de l'albumine à essayer, grossièrement pulvérisée ; on sèche à l'étuve à 105°, et on pèse ensuite ; par différence on a la quantité d'eau ; on multiplie le résultat par 10.

6° Dosage de l'albumine : 0^{gr},20 d'albumine exactement pesés sont dissous à froid dans 100 à 150 centimètres cubes d'eau distillée, on filtre à la trompe pour séparer les matières insolubles ; on ajoute un peu de sulfate de soude et quelques gouttes d'acide acétique, on porte à l'ébullition, filtre, lave à l'eau bouillante, sèche et pèse. On multiplie le résultat par 500 pour avoir la quantité d'albumine pure renfermée dans 100 grammes d'albumine à essayer.

§ 2. — PEPTONES

Les peptones se présentent dans le commerce soit en masse spongieuse, soit en solution concentrée marquant 20 à 26° Baumé.

L'analyse complète d'une peptone commerciale comprend :

1° **Examen des caractères organoleptiques** ;

2° **Dosage des principaux éléments** :

1° Eau ;

2° Cendres ;

3° Chlorures ;

4° Phosphates ;

5° Azote total ;

6° Matières insolubles ;

7° Albumines insolubles ;

8° Hémialbuminose ;

9° Peptone ;

10° Matières grasses.

2° Recherche des falsifications :

1° Syntonine :

2° Gélatine ;

3° Glycérine ;

4° Glucose ;

5° Lactose ;

6° Acide salicylique ;

7° Chlorure de sodium.

1° Caractères organoleptiques. — Une bonne peptone doit être blonde, d'une saveur non désagréable ; traitée par l'eau, elle doit donner une solution limpide et non visqueuse.

Quant aux peptones liquides, elles doivent être parfaitement claires, sans dépôt, et ne pas présenter une odeur plus ou moins putride.

2° Dosage des principaux éléments.

1° *Eau.* — On pèse 10 grammes de peptone dans une capsule de platine tarée, on dessèche à l'étuve à 105° pendant 8 ou 10 heures, on pèse, après avoir laissé refroidir sous une cloche en présence de l'acide sulfurique, on en déduit facilement la quantité d'eau renfermée dans 100 grammes de peptone.

2° *Cendres.* — Le résidu précédent est carbonisé, on épuise le charbon à l'eau bouillante et on le recueille sur un filtre. On calcine filtre et charbon, on ajoute les eaux de lavages et après évaporation et chauffage au rouge, on pèse. Le résultat est multiplié par 10.

Les cendres sont reprises par de l'eau bouillante aiguisée d'acide azotique et on partage la liqueur en 2 portions égales A et B.

3° *Chlorures*. — La liqueur A est neutralisée par du carbonate de chaux, bien exempt de chlorure, et on dose les chlorures par l'azotate d'argent N/10 en présence du chromate de potasse (voir urine, page 55).

La quantité de chlorures, exprimés en chlorure de sodium, contenus dans 100 grammes de peptone, sera donnée par la formule :

$$N \times 0,00585 \times 10 \times 2$$

(N étant le nombre de centimètres cubes de liqueur d'argent normale décime).

4° *Phosphates*. — La liqueur B est neutralisée, puis *légèrement* alcalinisée par de l'ammoniaque, on ajoute un léger excès d'acide acétique et on amène à 50 centimètres cubes ; on y dose les phosphates par la liqueur d'urane. (Voir urine, page 63).

La quantité de phosphates exprimés en acide phosphorique pour 100 grammes de peptone sera donnée par la formule

$$N \times a \times 2 \times 10$$

(N étant le nombre de centimètres cubes de liqueur d'urane et a le titre de la liqueur).

5° *Azote total*. — On fait le dosage par la méthode de Kjeldhal, en distillant dans l'appareil de Schloesing (voir urine, page 41) on opère sur 1 gramme de matière.

6° *Matières insolubles*. — On dissout dans l'eau distillée froide 10 grammes de peptone, on recueille le précipité sur un filtre taré, on le lave à l'eau froide et on le pèse après dessiccation. Le résultat est multiplié par 10.

7° *Albumine insoluble*. — La solution précédente, débarrassée par filtration des matières insolubles est additionnée de quelques gouttes d'acide acétique[1], on porte à l'ébullition, on recueille le précipité sur un filtre taré, lave à l'eau bouillante, et pèse après dessiccation. On multiplie le résultat par 10.

8° *Hémialbuminose*. — La solution précédente est additionnée de quelques gouttes d'acide azotique, on filtre et recueille le précipité qu'on lave, sèche et pèse. Le poids est multiplié par 10.

9° *Peptone*. — La solution précédente est concentrée au bain-marie et additionnée de nitrate mer-

---

1. Dans le cas de peptones liquides qui présentent généralement une réaction fortement acide, il faut, au contraire, ajouter quelques gouttes de carbonate de soude.

curique, obtenu en additionnant la solution aqueuse de ce sel au 1/10 de quelques gouttes de carbonate de soude jusqu'à ce que le précipité d'oxyde se soit redissous; la peptone est précipitée par le nitrate mercurique à l'état de peptonate mercurique; après 24 heures, on recueille le précipité sur un filtre taré, on le lave à l'eau, on sèche à 105° et on pèse; on obtient le poids de peptone pour 100 en multipliant par 0,666 le poids trouvé puis par 10.

10° *Matières grasses.* — 30 grammes de peptone sont broyés avec du sable fin, on sèche la masse et on l'épuise dans un appareil Soxhlet par l'éther pur; on filtre la liqueur, on la distille et on a comme résidu les matières grasses qu'on pèse après dessiccation à 105. On en déduit facilement la quantité pour 100.

3° Recherche des falsifications. — 1° *Syntonine.* — Cette dernière donne aux solutions de peptone un aspect trouble et visqueux.

2° *Gélatine.* — On sature la solution de peptone par du sulfate d'ammoniaque, le précipité obtenu est dissous dans l'eau chaude, il se prend en gelée par refroidissement lorsqu'il contient de la gélatine.

3° *Glycérine.* — On dessèche complètement la peptone au bain-marie et on l'épuise par un mélange de 4 parties d'alcool absolu et d'une partie d'éther pur. La solution éthéro-alcoolique laisse, par évaporation, un résidu qu'on reprend par l'alcool absolu;

ce dernier abandonne par évaporation la glycérine qu'on caractérise ainsi : Le résidu est complètement volatil à 120° ; brûlé avec l'acide chromique, il fournit de l'acide carbonique, reconnaissable à ses caractères.

4° *Glucose*. — On précipite une solution très concentrée de peptone par de l'alcool très fort et en grand excès ; on filtre, évapore l'alcool et reprend par l'eau ; la liqueur réduit abondamment la liqueur de Fehling.

Pour bien caractériser le glucose, on le combinera avec le chlorhydrate de phénylhydrazine en présence de l'acétate de soude, on obtiendra ainsi une osazone de forme caractéristique et peu soluble dans l'eau bouillante.

5° *Lactose*. — On recherche ce corps de la même façon que le glucose, mais avec le lactose on obtient une osazone assez soluble dans l'eau bouillante.

6° *Acide salicylique*. — A la solution de peptone suspecte, on ajoute de l'acide chlorhydrique, on épuise la liqueur par de l'éther dans un entonnoir à boules. La solution éthérée, évaporée, laisse un résidu qu'on reprend par l'eau distillée; et on obtient, en cas d'acide salicylique, une magnifique *coloration violette* avec une solution de perchlorure de fer très diluée.

7° *Chlorure de sodium*. — L'addition de chlorure de sodium se reconnaîtra par le dosage du chlore sur les cendres. (Vuir urines, page 56).

Composition des peptones [1].

	Peptone de viande purifiée	Peptone d'albumine d'œuf	Peptone de viande purifiée
Peptone.	37,67	34,700	25,857
Albumose.	31,300	53,350	15,964
Gélatine.	0	0	9,826
Principes immédiats.	5,525	5,930	29,972
Sels minéraux.. . .	8,285	1,025	18,386
Eau.	10,250	4,625	0
Insoluble..	9,965	3,980	0

§ 3. — POUDRES DE VIANDE

L'analyse d'une poudre de viande comprend :

1° **Caractères organoleptiques** ;

2° **Dosage des principaux éléments** :

1° Eau ;

2° Cendres ;

3° Chlorures ;

4° Phosphates ;

5° Matières grasses ;

6° Azote total ;

7° Extrait aqueux.

3° **Examen microscopique**.

1. Tableau emprunté au Dictionnaire des altérations et falsifications des substances alimentaires, de Chevallier et Baudrimont, revu par Héret.

1º Caractères organoleptiques. — Une poudre de viande de bonne qualité doit avoir une odeur faible non désagréable, sa saveur doit être presque nulle.

2º Dosage des principaux éléments. — 1º *Eau.* — 10 grammes de poudre de viande sont desséchés à l'étuve, et on pèse après refroidissement ; on en déduit la proportion d'eau pour 100.

2º *Cendres* (voir peptones, page 230).

3º *Chlorures* (voir peptones, page 231).

4º *Phosphates* (voir peptones, page 231).

5º *Matières grasses.* — 10 grammes de poudre de viande, mélangés à du sable, sont épuisés dans un appareil Soxhlet par de l'éther pur ; l'évaporation de ce dernier dissolvant fournit comme résidu les matières grasses qu'on pèse. On multiplie le résultat par 10.

6º *Azote total.* — On opère sur 1 gramme de matière par la méthode de Kjeldahl. (Voir urines, page 41).

7º *Extrait aqueux.* — On traite 2 grammes de poudre de viande par 50 centimètres cubes d'eau froide pendant 12 heures, on filtre et évapore la solution à sec et on pèse. On multiplie le résultat par 50.

3º Examen microscopique. — On dépose sur une lamelle porte-objet un peu de la poudre avec un peu d'eau, on examine au microscope ; si la poudre est de bonne qualité, on doit distinguer très nettement les fibres striées ; si au contraire, la viande a été mal nettoyée, si la dessiccation a été faite à une température trop élevée, si la poudre est altérée, la striation des fibres est moins visible.

Pour rechercher les amidons, on fait passer sous la lamelle un peu d'eau iodée ; les grains d'amidon apparaissent colorés en bleu.

Quant aux bactéries, on les reconnaîtra en ajoutant un peu d'une solution de fuchsine et, examinant à un fort grossissement, leur présence en nombre assez considérable indiquera une altération du produit.

Composition moyenne des poudres de viande.

Eau.	6	p. 100
Cendres..	4,3	—
NaCl..	0,574	—
P^2O^5..	1,164	—
Matières grasses.	3,30 à 9,14	—
Azote total.	13,5 à 14	—
Extrait aqueux { Bœuf.	11,8	—
Cheval.	17	—
Viandes lavées ou cuites.	4,5 à 6	—

§ 4. — EXTRAITS DE VIANDE

L'analyse des extraits de viande comprend :

1° Dosage des principaux éléments :

1° Eau ;

2° Cendres ;

3° Chlorures ;

4° Phosphates ;

5° Extrait alcoolique ;

6° Azote total.

2° Recherche du plomb.

1° Dosage des principaux éléments. — 1° *Eau.*
— On dessèche à l'étuve 5 grammes d'extrait de
viande et on pèse après dessiccation. On en déduit
l'eau pour 100.

2° *Cendres.* — (Voir peptones, page 230).

3° *Chlorures.* — (Voir peptones, page 231).

4° *Phosphates.* — (Voir peptones, page 231).

5° *Extrait alcoolique.* — On épuise 10 grammes
d'extrait par de l'alcool à 80° ; on évapore ce dernier
à sec et on pèse. On multiplie le résultat par 10.

6° *Azote total.* — On emploie la méthode de Kjeldahl en opérant sur 1 gramme de substance. (Voir
urines, page 41).

2° Recherche du plomb. — Souvent les extraits
de viande renfermés dans des boîtes de fer-blanc, ou
fabriqués dans des chaudières mal étamées renferment du plomb. On recherche ce métal en opérant
ainsi : on prend 100 grammes environ d'extrait de
viande, on les additionne de 25 grammes de bisul-
fate de potasse et de 100 grammes d'acide azotique
fumant, on chauffe très légèrement, l'attaque se fait
très rapidement. Lorsque la masse s'épaissit, on
ajoute un grand excès d'acide sulfurique pur de façon à obtenir un produit bien liquide. On chauffe
pour amener une légère ébullition de l'acide ; l'oxy-

dation continue, et tout le charbon s'oxyde et disparait en même temps qu'il se dégage beaucoup de gaz ; sur la fin de l'opération il est bon d'ajouter encore un peu d'acide sulfurique et un peu de nitrate de potasse avec précautions et on continue à chauffer jusqu'à ce que la masse soit presque décolorée et ne conserve qu'une légère coloration jaune.

On laisse refroidir, tout se prend en masse ; on traite par un peu d'eau chaude pour dissoudre et on recherche le plomb par l'électrolyse ; pour cela on place le liquide *non filtré* dans une capsule de platine reposant sur une plaque de porcelaine isolante ; on fait communiquer la capsule avec le pôle négatif de 4 éléments Bunsen ; quant à l'électrode positive, elle est formée d'une lame de platine plongeant dans le liquide et aussi rapprochée que possible du fond de la capsule, mais *sans la toucher* ; elle est maintenue dans cette position au moyen d'un support isolant approprié, et elle communique avec le pôle positif des piles.

On fait passer le courant pendant 5 à 6 heures ; au bout de ce temps et sans arrêter le courant, on siphonne le liquide qu'on remplace par de l'eau distillée, on répète cette opération 2 ou 3 fois de façon à laver la capsule et le dépôt. Dans le cas de la présence du plomb, on a un dépôt brunâtre au fond de la capsule, on le dissout dans l'eau distillée chargée d'acide azotique, on évapore à sec et reprend par l'eau distillée et on filtre.

Dans la liqueur ainsi obtenue on caractérise le plomb au moyen des réactions suivantes :

Précipité noir par l'hydrogène sulfuré, insoluble dans l'acide chlorhydrique et le sulfure ammonique ;

Précipité jaune avec l'iodure de potassium soluble dans un excès de réactif et dans la potasse ;

Précipité jaune avec le chromate de potasse, insoluble dans l'acide azotique, mais soluble dans la potasse ;

Précipité blanc avec l'acide sulfurique et les sulfates, ce précipité noircit par l'hydrogène sulfuré.

Composition de l'extrait de viande de Liebig[1].

Eau.	18,79 p. 100
Cendres.	23,02 —
Matières organiques.	58,19 —
Extrait alcoolique.	64,85 —
Azote total.	8 —
Chlore dans les cendres.	10 —

§ 5. — DIASTASE OU MALTINE

Elle se présente sous la forme d'une poudre blanc jaunâtre amorphe, très soluble dans l'eau, et insoluble dans l'alcool fort. Elle doit saccharifier 50 fois son poids d'amidon cuit.

1. Tableau extrait de la chimie industrielle de Wagner, Fischer et L. Gauthier.

Pour faire cet essai, on prépare un empois contenant pour 100 centimètres cubes d'eau 6 grammes d'amidon ; pour cela on délaye 6 grammes d'amidon dans 30 centimètres cubes d'eau distillée et on verse le tout dans 70 centimètres cubes d'eau portée vers 80°, on agite et chauffe au bain-marie 1 heure.

Après refroidissement on délaye dans cet empois $0^{gr},10$ de la diastase à essayer, on place le tout à l'étuve à 50° pendant 6 heures ; au bout de ce temps on filtre la liqueur, on étend à 500 centimètres cubes par exemple et on dose le glucose par la liqueur de Fehling, il suffit alors de calculer la proportion de glucose produit par 1 gramme de diastase pour avoir la puissance saccharifiante du ferment.

C'est par un procédé analogue qu'on déterminera la puissance saccharifiante des produits contenant de la diastase, tels que les *extraits de malt*, les *orges germés*, les *avoines germées*, etc.

§ 6. — PEPSINE

On connaît dans le commerce trois sortes de pepsine : la *pepsine extractive*, la *pepsine en paillettes*, et la *pepsine amylacée*.

La *pepsine extractive* se présente sous forme d'une pâte jaunâtre, très visqueuse, à odeur *sui generis* ; d'après le Codex français elle doit digérer 50 fois son poids de fibrine. Mélangée avec une quantité convenable d'amidon sec, elle constitue une poudre jaunâtre, qui est la *pepsine amylacée*, qui doit peptoniser 20 fois son poids de fibrine. Enfin les *pepsines en paillettes* sont constituées par des écailles semi-transparentes très hygrométriques, leur titre [1] est très variable.

Pour faire l'analyse d'une pepsine on se contente d'en déterminer le titre, parce que la composition des pepsines commerciales est très complexe et n'est pas connue.

Pour déterminer le titre d'une pepsine on peut employer 3 procédés principaux : 1° le *procédé du Codex* qui indique si la pepsine à essayer remplit les conditions exigées par le Codex ; 2° le *procédé de Petit* qui donne le titre exact de la pepsine ; 3° le *procédé volumétrique* qui est très rapide et suffit pour déterminer le titre approximatif d'une pepsine.

1° Procédé du Codex. Dans un flacon de 125 centimètres cubes, on introduit : pepsine amylacée, 0^{gr},50 ou pepsine extractive, 0^{gr},20 ; eau distillée, 60 centimètres cubes ; acide chlorhydrique officinal, 0^{gr},60 ; fibrine humide [2], 10 grammes.

---

1. On appelle titre d'une pepsine la quantité de fibrine humide digérée par un gramme de pepsine.
2. On se sert de la fibrine de sang de veau, mouton ou porc ; la fibrine de bœuf ne convient pas, car elle se dissout mal.
Pour préparer cette fibrine on bat du sang chaud avec

On maintient le tout à l'étuve à 50° pendant 6 heures, au bout de ce temps toute la fibrine doit être dissoute et il ne doit rester qu'un résidu insignifiant ; la liqueur refroidie et filtrée ne doit pas précipiter par l'acide azotique, sinon la peptonisation serait incomplète et la pepsine n'aurait pas le titre exigé par le Codex.

2° **Procédé Petit.** — On prend 10 flacons dans lesquels on place 60 centimètres cubes d'eau distillée, 0gr,60 d'acide chlorhydrique officinal et 0gr,50 de pepsine amylacée ou 0gr,20 de pepsine extractive, on ajoute dans chaque flacon des doses connues de fibrine, par exemple 10 grammes, 10gr,50, 11 grammes, 11gr,50, etc., on place le tout à l'étuve à 50° pendant 6 heures. Au bout de ce temps on essaye avec l'acide azotique le liquide de tous les flacons refroidis.

un balai d'osier, la fibrine s'attache aux branches du balai ; puis on lave à grande eau les filaments de fibrine pendant 7 à 8 heures de façon à obtenir un produit parfaitement *blanc* et complétement débarrassé de caillots sanguins ; on l'exprime ensuite dans un linge et on le trie avec soin pour enlever les corps étrangers. Enfin on l'incise au ciseau et on *l'essore fortement*, c'est sous cette forme que la fibrine doit être employée pour les digestions artificielles.

Comme la fibrine ainsi préparée ne se conserve pas, on peut obvier à cet inconvénient en la plongeant dans de la glycérine pure, mais avant de s'en servir, il faut la laver à l'eau pendant longtemps de façon à la débarrasser complétement de la glycérine.

Celui dont le liquide ne précipite plus par l'acide azotique indique que la fibrine a été complètement peptonisée par la pepsine, et comme la quantité de fibrine est connue, on peut en déduire facilement le titre de la pepsine à essayer.

3º **Procédé de l'auteur.** — C'est une méthode très approximative, mais grâce à sa simplicité elle est susceptible de rendre de grands services.

On dissout dans 100 centimètres cubes d'eau distillée 2 grammes d'albumine d'œuf, on ajoute 1 gramme d'acide chlorhydrique et filtre.

D'autre part on dissout 0^{gr},10 de pepsine amylacée dans 100 centimètres cubes d'eau distillée.

Dans 2 ballons A et B on place : 1º dans A 10 centimètres cubes d'eau distillée et 10 centimètres cubes de la solution albumineuse ; 2º dans B 10 centimètres cubes de la solution de la pepsine à essayer et 10 centimètres cubes de la solution albumineuse ; on met le tout à l'étuve à 50º pendant 6 heures, en ayant soin d'agiter de temps en temps.

Au bout de ce temps on verse les liquides dans 2 tubes albuminimètres d'Esbach jusqu'au trait U ; on remplit les 2 tubes jusqu'au trait R avec une solution d'*acide azotique* au 1/5 ou d'*acide trichloracétique* au 1/5 ; on agite doucement *sans produire de mousse* et laisse reposer 12 heures.

On lit alors sur les 2 tubes les quantités d'albumine déposée ; et supposons que le tube A accuse 10 grammes d'albumine par litre et le tube B 2 gram-

mes ; donc 8 grammes d'albumine ont été digérés
par 500 centimètres cubes d'une solution de pepsine
à 0^{gr},10 pour 100, soit par 0^{gr},50 de pepsine ; donc
1 gramme de pepsine digère 16 grammes d'albumine.

Si l'on opère avec la pepsine extractive il faudra
faire la solution à 0,05 pour 100° ; en tout cas le
tube qui contient la pepsine doit toujours donner un
précipité par l'acide azotique après digestion.

Comme on le voit, ce procédé est très approximatif, mais il peut rendre de grands services, parce
qu'il est très simple, et parce qu'il ne nécessite pas
l'emploi de produits tels que la fibrine humide souvent difficile à se procurer.

§ 7. — PANCRÉATINE

On trouve dans le commerce 2 sortes de pancréatine : la *pancréatine extractive* et la *pancréatine
amylacée* ; la première se présente sous la forme
d'une poudre amorphe grisâtre, soluble dans l'eau ;
quant à la *pancréatine amylacée* elle ressemble
en tous points à la pepsine amylacée.

La pancréatine est constituée par un mélange de
3 ferments : 1° la *trypsine* qui transforme la fibrine
en *peptone* ou *tryptone*, en solution neutre ou
mieux légèrement alcaline ; 2° l'*amylopsine* qui a
beaucoup d'analogie avec la *ptyaline salivaire*,

comme cette dernière elle saccharifie l'amidon ; 3° un *ferment saponificateur* des corps gras qui a la propriété de dédoubler les graisses. (Je n'insiste pas sur les produits de dédoublement des graisses car actuellement, ils sont encore peu connus.)

La pancréatine extractive doit peptoniser 50 fois son poids de fibrine, et saccharifier 40 fois son poids d'amidon tandis que la *pancréatine amylacée* doit peptoniser 20 fois son poids de fibrine et saccharifier 16 fois son poids d'amidon.

On trouve encore dans le commerce sous le nom de *trypsine* un produit ayant des propriétés *peptonisantes très énergiques* et presque complètement *privé de ferment saccharifiant.*

Comme pour la diastase et la pepsine, la composition exacte de la pancréatine est inconnue, c'est pourquoi, lorsqu'on a à déterminer la valeur d'une pancréatine, on se contente de l'essayer au point de vue de son action : 1° *sur la fibrine*, 2° *sur l'amidon*, 3° *sur les graisses.*

Dans le cas d'une *trypsine* on ne détermine que les propriétés peptonisantes.

1° Essai de peptonisation. — On introduit dans un flacon : pancréatine extractive, 0^{gr},20 ; bi-carbonate de soude, 0^{gr},05 ; fibrine humide, 10 grammes ; eau distillée, 50 centimètres cubes[1].

---

1. On peut ajouter quelques cristaux de thymol pour empêcher la putréfaction.

On maintient le tout à l'étuve pendant 6 heures à 50° en ayant soin d'agiter de temps en temps.

Au bout de ce temps toute la fibrine doit être dissoute et transformée en peptone (il ne doit rester qu'un résidu insignifiant).

La liqueur refroidie et filtrée ne doit donner qu'un léger trouble avec l'acide azotique, et donner une coloration violette avec la potasse et le sulfate de cuivre (réaction de biuret).

2° Essai de saccharification. — On introduit 0gr,10 de pancréatine extractive dans un flacon contenant un empois formé de 6 parties d'amidon pour 100 d'eau, on place le tout à l'étuve pendant 6 heures à 50° et on termine comme il est dit pour la diastase (voir page 241).

3° Essai de saponification. — On se contente généralement de rechercher qualitativement le ferment saponificateur. Cependant on pourrait déterminer la puissance saponifiante par un procédé analogue à celui qu'emploie Hanriot pour la lipase.

Voici comment on recherche le ferment saponificateur. On dissout 0gr,10 de pancréatine dans 50 centimètres cubes d'eau additionnée de quelques gouttes de teinture de tournesol sensible, on ajoute 20 centimètres cubes environ d'une émulsion faite avec : huile d'amandes douces 10 grammes, gomme arabique 5 grammes, eau 35 centimètres cubes ; si la liqueur vire au rouge par suite de l'acide que renferme toujours l'huile, on la ramène au bleu par quelques gouttes d'une solution diluée de carbonate de soude.

On place à l'étuve pendant 6 heures à 50°. Au bout de ce temps la liqueur doit avoir une couleur *pelure d'oignon* par suite de la mise en liberté de l'acide gras par le ferment saponificateur.

INDEX BIBLIOGRAPHIQUE

ANDOUARD. — Eléments de pharmacie, 5ᵉ édit., 1898.

BARILLOT (E.). — Chimie légale.

BONNET (V.). — Précis d'analyse microscopique des denrées alimentaires.

BOURGET. — Manuel de chimie clinique.

BOUVERET. — Maladies de l'estomac, 1893.

BROUARDEL (P.). — L'urée et le foie.

BURCKER. — Traité des falsifications et altérations des substances alimentaires, 1892.

CHAPUIS. — Précis de toxicologie, 3ᵉ édit., 1897.

CHEVALLIER et BAUDRIMONT. — Dictionnaire d'analyses.

CROLAS et MOREAU. — Pharmacie chimique.

DELEFOSSE. — L'analyse des urines et la bactériologie urinaire, 5ᵉ édit., 1893.

DUPUIS. — Traité de pharmacie.

ENGEL et MOITESSIER. — Chimie biologique, pathologique et clinique, 1897.

FLORENCE (A.). — Travaux pratiques d'analyse quantitative.

     —   Les taches de sang. Thèse, 1885.

     —   Du sperme et des taches de sperme en médecine légale.

FRÉMY. — Encyclopédie chimique.

FRÉSENIUS. — Analyse quantitative, 6ᵉ édit. française, 1891.

GAUTIER. — Chimie biologique, normale et pathologique, 2ᵉ édit. 1897.

GAUTRELET. — Urines, dépôts, sédiments, calculs, 1889.

GÉRARD. — Traité pratique de micrographie.

GIRARD et DUPRÉ. — Analyse des matières alimentaires.

GUÉRIN. — Thèse de pharmacie, 1883.

HALLOPEAU. — Journal Pharmacie et chimie, 1892.

HALPHEN. — Pratique des essais commerciaux : Matières organiques.

HAMMERSBERG. — Wiener Klin. Rundschau, 1895, n° 23.

HARDY. — Chimie biologique.

HOPPE-SEYLER. — Analyse chimique appliquée à la physiologie et à la pathologie, 1877.

HUGOUNENCQ. — Leçons de chimie médicale. — Précis de chimie physiologique. — Journal Pharmacie et chimie, 1895.

JEAN et MERCIER. — Nouveaux réactifs.

KÖNIG et KISH. — Journ. Pharmacie et chimie, 1889.

KRECHEL. — Méthodes analytiques.

LACASSAGNE. — Vade mecum du médecin expert, 2° édit.

LANGLOIS. — Précis d'hygiène, 1896.

LÉPINE. — Revue de médecine, 1879.

LIOTARD. — Analyse des urines.

MALLAT. — Annales de médecine thermale, 1886-1888.

MARTIN. — Congrès de chimie appliquée, 1896.

MARTZ. — Union pharmaceutique, 1896-1898.

MÉHU. — Chimie médicale.

MERCIER (G.). — Guide pratique pour l'analyse des urines, 2° édit., 1898. avec planches et figures.

MONFET. — Congrès de chimie appliquée, 1896.

MOREIGNE. — Journ. Pharmacie et chimie, 1898.

NEUBAUER et VOGEL. — Urine.

PATEIN. — Congrès de chimie, 1896.

PEYER. — Atlas de microscopie clinique.

POEHL. — Zeitschrift fur klinische Med., 1894.

POTTIEZ. — Union pharmaceutique, 1897.

RENARD. — Dictionnaire d'analyses des substances organiques.

ROBIN (Charles). — Leçons sur les humeurs normales et morbides du corps de l'homme, 1874.

SONNIÉ-MORET. — Eléments d'analyse chimique et médicale.

TOLLENS. — Les hydrates de carbones.

Ulrich. — Semaine médicale, 1896.

Veillard. — L'urine humaine.

Viault et Jolyet. — Physiologie humaine, 3ᵉ édit., 1898.

Vibert. — Précis de médecine légale, 4ᵉ édit., 1896.

Vicario. — Congrès de chimie, 1896.

Voirin. — Thèse de Nancy, 1894.

Yvon. — Analyse des urines, 5ᵉ édit.

Zimmermann. — L'intoxication phéniquée (Thèse de Lyon).

TABLE DES MATIÈRES

CHAPITRE II

LIQUIDES PHYSIOLOGIQUES

CHAPITRE III

CALCULS

CHAPITRE IV

MATIÈRES ALBUMINOIDES ET FERMENTS SOLUBLES

TABLE ALPHABÉTIQUE

FIN DE LA TABLE ALPHABÉTIQUE

9 782019 293703